Muhammad Kashan Javed
Anam Javaid
Sumbal Javaid

Interakcja kształtu usta z różnymi zmiennymi

Muhammad Kashan Javed
Anam Javaid
Sumbal Javaid

Interakcja kształtu usta z różnymi zmiennymi

Interakcja między kształtem ust a ustami

Wydawnictwo Bezkresy Wiedzy

Imprint
Any brand names and product names mentioned in this book are subject to trademark, brand or patent protection and are trademarks or registered trademarks of their respective holders. The use of brand names, product names, common names, trade names, product descriptions etc. even without a particular marking in this work is in no way to be construed to mean that such names may be regarded as unrestricted in respect of trademark and brand protection legislation and could thus be used by anyone.

Cover image: www.ingimage.com

Publisher:
Wydawnictwo Bezkresy Wiedzy
is a trademark of
International Book Market Service Ltd., member of OmniScriptum Publishing Group
17 Meldrum Street, Beau Bassin 71504, Mauritius

Printed at: see last page
ISBN: 978-620-2-44643-3

Drogi czytelniku,

książka, którą posiadasz, została pierwotnie wydana pod tytułem "Interaction of Mouth Shape With Different Variables", ISBN 978-620-2-30490-0.

Jego publikacja w języku polskim jest możliwa dzięki zastosowaniu najbardziej zaawansowanej sztucznej inteligencji dla języków.

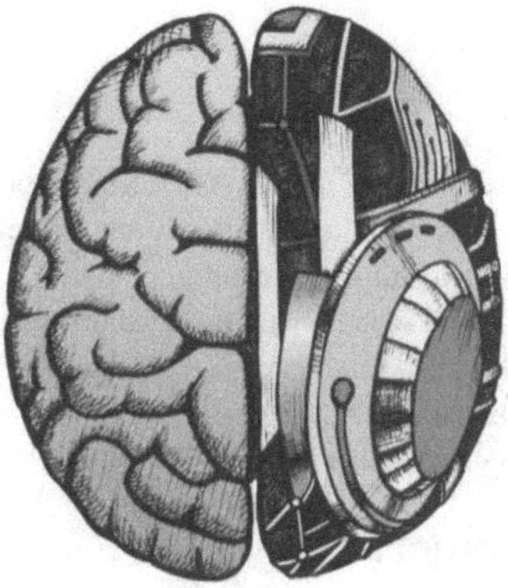

Technologia ta, uhonorowana pierwszą w historii Honorową Nagrodą Sztucznej Inteligencji w Berlinie we wrześniu 2019 r., naśladuje sposób działania ludzkiego mózgu, dzięki czemu jest w stanie uchwycić i przetłumaczyć nawet najmniejsze niuanse w bezprecedensowy sposób.

Mamy nadzieję, że znajdą Państwo wiele satysfakcji z tej książki i uprzejmie prosimy o uwzględnienie wszelkich rozbieżności językowych, które mogłyby wyniknąć z tego procesu.

Miłego czytania!

Wydawnictwo Bezkresy Wiedzy

Interakcja kształtu usta z różnicą Zmienne

Muhammad Kashan Javed1, Anam Javaid2, Sumbal Javaid3*
[1] Instytut Biologii Molekularnej i Biotechnologii, Uniwersytet Baha Uddin Zakariya, Multan, Pakistan
Wydział Statystyki 2D (wykładowca), The Women University Multan, Pakistan.
[3] Medical Student w Nishtar Medical University Multan, Pakistan.
***Korespondencja: kashanjaved01@gmail.com**

Interakcja normalnego poziomu tlenu we krwi z kształtem jamy ustnej

ABSTRACT

Celem obecnej nauki była analiza wszelkich kontaktów pomiędzy normalnym poziomem tlenu we krwi i kształtem jamy ustnej. Łącznie 200 osób wzięło udział w obecnym badaniu. Obserwowaliśmy kształt jamy ustnej i zapytaliśmy, jaki jest kształt jamy ustnej? Z tematów i zapewnił wybór albo Owalny albo Okrągły. Stwierdzono, że normalny poziom tlenu we krwi ma wpływ na kształt jamy ustnej, ponieważ *wartość p* jest mniejsza niż 0,05. W związku z tym wynik pozostał znaczący.
Słowa kluczowe: Owal, okrągły, interakcja, interakcja

INTRODUKCJA

Nasycenie tlenem to natlenowana hemoglobina. Normalny poziom tlenu we krwi wynosi 95-100%. Nasycenie tlenem - czasami nazywane po prostu nasyceniem - odnosi się do nasycenia tlenem hemoglobiny. Hemoglobina jest pierwiastkiem we krwi. Normalne nasycenie tlenem wynosi zazwyczaj od 96% do 98%. Każda czerwona krwinka zawiera żelazo, znajdujące się w hemoglobinie, jest tlenem związanym z płucami. Większość czasu hemoglobina jest całkowicie nasycona. Regularny tlen tętniczy wynosi około 75-100 mm Hg. Zasięg mniejszy niż 60 mmHg nie jest normalny. Tlenki impulsów mają zwykle wartość pomiędzy 95-100 procent. Wartość poniżej 90 procent jest niska.

Istnieje wiele rodzajów kształtów ust. Najbardziej publiczną formą ust jest usta owalne i okrągłe. Inne rodzaje kształtu ust są podawane jako usta śmiechu. Uwielbiają się uśmiechać, a takie osoby są łagodne i przyzwoite. Nastoletni chłopiec z mieczem w ustach. To są rodzaje jednostek, którymi są. Brak pewności siebie. Osoba z nierównymi zębami w ustach. Osoba z jaszczurką jest jak linia w kształcie usta. Osoba z ustami w kształcie liny zazwyczaj spędza pracowite życie. Osoba, która spędza samotne życie bez grosza, zwykle ma w perle usta zwane morzem. Osoba z takimi ustami jest bardziej ugryziona i niebezpieczna.
Celem ostatniej nauki była analiza wszelkich interakcji pomiędzy normalnym poziomem tlenu we krwi a kształtem jamy ustnej.

MATERIAŁ I METODA

Do niniejszego badania przyczyniło się 200 osób.
Jeśli chcesz zmierzyć poziom tlenu we krwi, weź oksymetr i umieść palec wskazujący prawej ręki w oksymetrze i obserwuj odczyt oksymetru.
Przygotowano badanie mające na celu określenie interakcji pomiędzy normalnym poziomem tlenu we krwi a kształtem jamy ustnej. Pytałem, jaki jest kształt twoich ust? Z tematów i dostarczonych wyborów albo Owalny albo Okrągły.

Wzór na pomiar poziomu tlenu we krwi.

Poziom tlenu we krwi możemy obliczyć za pomocą pulsoksymetrii według wzoru podanego poniżej:

$$S_{pO_2} = \frac{HbO_2}{HbO_2 + Hb}$$

Analiza statystyczna

Badanie statystyczne zostało osiągnięte przy użyciu Microsoft Excel i *t-Testu* wykorzystywanego do analizy wyników.

WYNIK I DYSKUSJA

Interakcja pomiędzy normalnym poziomem tlenu we krwi a kształtem jamy ustnej jest wymieniona w tabeli 1Tabela 1, która wyjaśnia, że istnieje naukowa interakcja lub zależność pomiędzy poziomem tlenu we krwi a kształtem jamy ustnej, ponieważ *wartość p* jest mniejsza niż 0,05, stąd wynik uważany za istotny.

Tabela 1: Normalny poziom tlenu we krwi - interakcja poziomu tlenu z kształtem ust (średnia ±SD)

Płeć	**Okrągły kształt Usta**	**Owalny kształt usta**	***p-wartość***
Mężczyzna	**95.42± 5.64**	**96.80 ±4.82**	**0.34**
Kobieta	**96.54± 4.61**	**94.51 ±5.80**	**0.04***
Łączone	**95.98± 0.78**	**95.66 ±1.62**	**0.69**

(*p<0,05 stąd p uważany za istotny)

Przygotowano badanie mające na celu określenie interakcji pomiędzy normalnym poziomem tlenu we krwi a kształtem jamy ustnej.

Wniosek

Stwierdzono, że istnieje naukowa interakcja pomiędzy poziomem tlenu we krwi a kształtem jamy ustnej, ponieważ *wartość p* jest niższa niż 0,05, w związku z czym wynik uznano za istotny.

Interakcja kształtu usta z grupą krwi

ABSTRACT

Celem obecnego badania było określenie interakcji pomiędzy grupami krwistymi a kształtem jamy ustnej. Aby uformować swoją grupę krwi, najpierw uszczypnij skórę igłą w celu pobrania krwi i umieść trzy krople krwi w trzech różnych miejscach na szkiełku, a następnie umieść trzy zmienione przeciwciała o nazwie przeciwciała A, B i AB o nazwie D w tym samym miejscu, w którym już umieściłeś krople krwi, a następnie obserwuj, którymi przeciwciałami krew tworzy bąbelki. W projekcie uczestniczyło łącznie 176 osób. Każdy ma inną grupę krwi. Istnieje kilka odmian grupy krwi, ale najbardziej publiczne są dwie grupy krwi ABO Blood Group i Rhesus Blood Group lub Rh Blood Group. Grupa krwi ABO podzielona na cztery grupy A, B, AB i O. Najpierw pobrałem próbki krwi od osób z Baha Uddin Zakariya University, Multan, Pakistan za ich zgodą, a następnie zebraliśmy dane dotyczące kształtu ust od 176 osób z różnymi grupami krwi. Z obecnego badania wynika, że B+ miał ekstremalnie okrągłe i owalne usta, podczas gdy A- miał najmniej okrągły kształt ust i AB- oraz O- miał minimalny owalny kształt ust.

Słowa kluczowe
Kształt ust, Grupa krwi, Okrągły, Owalny, Współdziałanie

INTRODUKCJA

Profesor z Australii Karl Landsteiner rozpoczął pracę na temat grupy krwi od 1900 r. W tym czasie naszkicował odliczenie, że grupa krwi ludzkiej jest dziedziczna. Ludwick i Herzfeld oraz E. von Dungeon ujawnili wiarygodność grup krwi ABO w latach 1910-11, z Felixem Bernsteinem reprezentującym precyzyjny projekt grupy krwi dla wielu alleli w jednym locus w 1924 r. Blood Group jest schematem w człowieku, w którym antygeny powierzchni komórek kontrolowane są w miejscu pojedynczego genu lub przez dwa lub więcej połączonych genów. Określanie grupy krwi Odnosi się do testu przeprowadzonego w celu potwierdzenia, którą grupę krwi posiadasz. Każdy ma inną grupę krwi. Istnieje wiele odmian grupy krwi, ale najbardziej rozpowszechnione są dwie grupy krwi ABO(1) Blood Group i Rhesus Blood Group lub Rh Blood Group(2). Grupa krwi ABO podzielona na cztery grupy A, B, AB i O. Inną główną grupą jest grupa krwi Rhesusa, która może być dodatnia lub ujemna. Grupa krwi ABO jest najczęstszym i najbardziej podstawowym systemem grupy krwi. Twoja grupa krwi jest kombinacją Rh (Rhesus) i ABO blood group. Dla instancji, O Negatywne. Gdy wymagane jest oddanie krwi, zestawy ABO i Rh są krzyżowane w sposób skoordynowany z osobą, która oddała krew. W stanie krytycznym O, ujemna grupa krwi jest najlepszą opcją, ponieważ może ona zostać odebrana przez osobę z różnymi grupami krwi. Osoba, która ma pasującą grupę krwi jest znana jako dobrze dobrana. Oznacza to, że mogą oddać lub otrzymać krew od siebie nawzajem. Jeśli jesteś w ciąży, upewnij się, że krew Twojego dziecka i krew Twojego dziecka są dobrze dobrane. Jeśli potrzebujesz przeszczepu organów lub transfuzji krwi, aby upewnić się, że krew otrzymana od dawcy jest zgodna z Twoją krwią lub nie. Określanie grupy krwi jest również wykonywane u noworodków w celu zbadania pewnych zaburzeń lub chorób. Osoba z grupą krwi A może pobrać krew od osoby z grupą krwi A następnie O i oddać krew osobie z grupą krwi A i AB. Osoba z grupą krwi B może otrzymać krew od osoby z grupą krwi B i O i oddać krew osobie z grupą krwi B i AB. Osoba z grupą krwi AB może pobierać krew od osoby z grupą krwi A, B, AB i O, ale tylko dla osoby, która ma grupę krwi AB. Na koniec Osoba z grupą krwi O może otrzymać krew od osoby z grupą krwi O, ale może przekazać ją osobie z grupą krwi A, B, AB i O.ABO zawierającą dwa antygeny A i B na zewnątrz krwinek czerwonych (RBC) oraz dwa przeciwciała w osoczu anty-A i anty-B. Osoba z grupą krwi A ma antygen A na żebrach i ma przeciwciało B`, a osoba z grupą krwi B ma antygen B na żebrach i ma przeciwciało A "we krwi lub osoczu". Podobnie, osoba z grupą krwi AB ma antygen A i B i nie przyjmuje żadnych przeciwciał. I osoba z grupą krwi O nie ma antygenów i ma przeciwciała o nazwie A`i B`.

Usta rozweselające to takie usta, które są czysto przycięte, zróżnicowane i regularne w stosunku do siebie, włączając w to przekątne, różowe usta o niezmienionej grubości i lekko wznoszące się łuki, takie jak śmiech. Osoba z uśmiechniętymi ustami zazwyczaj uwielbia się uśmiechać i delikatnie uśmiechać. Wolny trener i dobry temperament to popularne etykiety dla tych osób. Inny rodzaj ust, który różni się od uśmiechniętych ust w górę, podobnych do półksiężyca i szczyci się różowymi ustami, nieco cienkimi dolnymi wargami i pięknymi białymi zębami, a jednocześnie wyglądają całkiem pięknie lub przystojnie jako całość. Osoby z takimi ustami rodzą się optymistami i ze srebrną łyżką w ustach, co oznacza, że rodzą się inteligentne, lubią studiować, są bardzo zmotywowane i dobrze wypowiadane. W przeciwieństwie do zakrzywionych księżycowych ust, ten typ otworu wygląda jak odwrotna łódź, a dolne usta są zacienione na czerwono, choć wyższe usta są duże, ciaśniejsze i wyraźniejsze dolne, opadające narożniki. Tacy ludzie to zezwolenia, nie wyobrażają sobie złych stron, nie wyobrażając sobie, co robią. Brak zaufania istnieje w tego typu osobach. Nie mają odwagi i ospałości w ruchu, jaki zwykle mają ludzie o prostym usposobieniu i owinięci w usta. Są łatwe do skupienia i pomocne. Skłaniają się do prowadzenia skromnego i pokojowego życia z wysoką pozycją. Zazwyczaj mają niefortunne przesłanie z seksem sprzecznym. Kwadrat płaskie usta z grubymi i regularnymi ustami nazywane są Kwadratowymi Ustami. Usta te istnieją zazwyczaj w chińskich narożnikach są płaskie i wyraźnie przycięte, a nie w dół, co sprawia, że inni czują się wesoło i energicznie. Nie ma wątpliwości, co robią, że są oddani jako uczciwi. Prowadzą bogate i zdrowe życie i mają szczęście w podeszłym wieku. Długie i płaskie usta nazywane są lotosem z cienkimi ustami i matową czerwienią z narożnikami w dół. Tego typu ludzie nie mają szczerości, wydają się zawsze w biegu i mówią bez końca. Usta z czystymi i białymi zębami, błyszczące i niegrzeczne usta i lekko podniesione narożniki nazywane są wargami wiśniowymi, a także wargami różowatymi. Tego typu ludzie są niezwykle mili, delikatni i inteligentni. Zawsze otrzymują pomoc od innych i cieszą się dużą popularnością. Osoba z nierównymi zębami niewidocznymi lub opadającymi w dół rogi ma rodzaj ust zwany usta Boga Grzmot lub dmuchanie ognia usta. Tego typu ludzie są zazwyczaj samotni, bezradni i nie mają długowieczności. Osoba o cienkich, ciemnych ustach i narożnikach w dół ma podszyte usta. Tego typu osoby mają zajęte i ciężkie życie. Trzymanie się samotnego, bez grosza i niewygodnego. Osoba z częścią projekcyjną w środku górnych warg jest taka sama jak perła w morzu ma usta zwane perłą w morzu. Tego typu ludzie są niezwykle niebezpieczni, aroganccy i bawią się sztuczkami.

Celem pracy było powiązanie grupowania krwi z kształtem jamy ustnej.

MATERIAŁ I METODA

Metoda

Aby sprawdzić swoją grupę krwi najpierw uszczypnij skórę, aby pobrać krew i umieścić trzy krople krwi w trzech różnych miejscach na szkiełku, a następnie umieścić trzy różne przeciwciała o nazwie przeciwciała A,B i AB oznaczone jako D w tym samym miejscu, w którym już umieściłeś krople krwi, następnie obserwuj, którymi przeciwciałami krew tworzy bąbelki. Na przykład jeśli krew wytwarza bąbelki z przeciwciałem A, wówczas twoja grupa krwi jest A, a jeśli krew wytwarza bąbelki z przeciwciałem AB(D), wówczas twoja grupa krwi jest O, a jeśli krew wytwarza bąbelki ze wszystkimi przeciwciałami A, B i AB(D).

Projektowanie projektów

Najpierw pobraliśmy próbki krwi od osób z Baha Uddin Zakariya University, Multan, Pakistan za ich zgodą, a następnie zebraliśmy dane o kształcie ust od 176 osób z różnymi grupami krwi.

Łącznie w badaniu wzięło udział 176 uczestników. Przedmiotami byli studenci Baha Uddin Zakariya University, Multan, Pakistan.

Analiza statystyczna

Analiza statystyczna została wykonana przy użyciu programu Microsoft Excel.

WYNIKI I DYSKUSJA

Tabela 1: Interakcja kształtu ust z grupą krwi

KREW GRUPA	ROUND %. (MALE)	ROUND %. (FEMALE)	OGÓŁEM ROUND%.	OVAL%. (MALE)	OVAL %. (FEMALE)	OGÓŁEM OVAL %.	OGÓŁEM ROUND+OVAL%.
A+	4.54	6.81	11.35	2.27	3.97	6.24	17.59
A-	0.00	0.00	0.00	0.56	0.56	1.12	1.12
B+	2.84	14.77	17.61	3.40	13.63	17.03	34.64
B-	0.00	1.13	1.13	1.13	0.56	1.69	2.82
AB+	1.13	3.40	4.53	0.56	1.13	1.69	6.22
AB-	0.00	0.56	0.56	0.00	0.56	0.56	1.12
O+	3.40	11.93	15.33	6.25	9.09	15.34	30.67
O-	0.00	5.11	5.11	0.00	0.56	0.56	5.67

Współdziałanie kształtu ust z grupą krwi podano w tabeli 1. W żądaniu, aby sprawdzić swoją grupę krwi najpierw szczypać skórę w celu pobrania krwi i umieścić trzy krople krwi w trzech zmienionych miejscach na slajdzie, a następnie umieścić trzy różne przeciwciała o nazwie przeciwciała A,B i AB oznaczone jako D w tym samym miejscu, w którym wcześniej umieściłeś krople krwi, a następnie wykryj, którymi przeciwciałami krew tworzy pęcherzyki krwi. Jeśli Twoja krew wytwarza piany z przeciwciałem A, wówczas Twoja grupa krwi to A, a jeśli Twoja krew wytwarza piany z przeciwciałem AB(D), wówczas Twoja grupa krwi to O, a jeśli Twoja krew wytwarza piany ze wszystkimi przeciwciałami A, B i AB(D), wówczas Twoja grupa krwi to AB. Badania oparte na kwestionariuszu dały znaczący postęp w obecnych badaniach(3-10). Nie było naukowca, który badał lub pracował nad tematem interakcji Kształt ust z Grupą Krwi.

Wniosek

Z obecnego badania wynika, że B+ miał ekstremalnie okrągłe i owalne usta, podczas gdy A- miał najmniej okrągły kształt ust i AB- oraz O- miał najmniej owalny kształt ust.

Interakcja współczynnika pulsacji z kształtem ust.

ABSTRACT

Celem pracy była korelacja między prawidłowym tętnem a kształtem jamy ustnej. W bieżącym badaniu wzięło udział łącznie 200 uczestników. Przygotowano ankietę, która miała na celu korelację częstości akcji serca z kształtem jamy ustnej. Obserwowaliśmy kształt ust i zadaliśmy pytanie, jaki jest twój kształt ust? Z tematów i dała opcje okrągłe lub owalne. Stwierdzono, że częstość pulsu nie ma związku z kształtem jamy ustnej, ponieważ wartość p jest większa niż 0,05. W związku z tym wynik był nieistotny.

Słowa kluczowe: Współczynnik pulsu, kształt ust, interakcja, okrągły, owalny

INTRODUKCJA

Tętno to tak naprawdę tętno. Liczba uderzeń serca w ciągu 60 sekund nazywana jest częstością uderzeń serca. Tętno różniło się w zależności od osoby. Kiedy jesteś w stanie zerwać puls, tętno jest mniejsze, a kiedy jesteś na treningu, ponieważ krew potrzebuje więcej tlenu, więc tętno wzrasta. Normalne częstości uderzeń serca przy zerwaniu 70-100 uderzeń na 60 sekund są dla potomstwa w wieku 6-15 lat i 60-100 uderzeń na 60 sekund są dla dorosłych w wieku 18 lat. Zazwyczaj mniejsze tętno przy zerwaniu sugeruje bardzo dobrze zorganizowaną pracę serca i zdrowszą sprawność krążenia. Pamiętaj, że wiele funkcji wpływa na częstość akcji serca, w tym sprawność fizyczna i poziom aktywności, czas życia, palenie tytoniu, gorączka, uczucia, wielkość ciała, tabletki itp. Interakcja z lekarzem, jeśli częstotliwość pulsu jest większa niż 100 uderzeń na 60 sekund (1). Większe tętno daje większe szanse na śmierć. Liczne lekcje dowiodły, że większość śmierci następuje z powodu choroby serca. Tętno można wyrównać, sprawdzając puls szyi lub nadgarstka po otrzymaniu interpretacji. Dzisiaj ekrany tętna dostępne są w celu wyrównania częstości akcji serca, gdzie trzeba ubrać zrelaksowaną opaskę na klatkę piersiową, która

przekazuje puls do zegarka nadgarstka. Osoba sprawna fizycznie zajmuje mało czasu na poprawę po treningu (2).
Istnieją różne rodzaje kształtu ust. Najpopularniejszą formą kształtu ust jest kształt okrągły i owalny. W związku z tym nie występuje interakcja pomiędzy kształtem jamy ustnej a częstością pulsu. Osoba z tymi dwiema formami ust ma normalne tętno. Przetrwają normalne i zdrowe życie. Inne rodzaje ust są: Uśmiechnięte usta są rodzajem ust, które są zgrabne, zróżnicowane i stabilne w porównaniu z liczeniem, nachyleniem, rumienionymi ustami, statyczną szerokością i nieco wznoszącymi się krzywymi, takimi jak uśmiechnięte usta. Osoba z uśmiechniętymi ustami jest zazwyczaj droga do uśmiechu i łagodna. Ospały trener i Decent Anger to wspólne etykiety dla tych osób. Dodatkowy rodzaj ust, który jest zróżnicowany od uśmiechniętych ust w górę, podobnych do półkolistego księżyca i szczyci się różowymi ustami, nieco cienkimi dolnymi wargami i pięknym białym ząbkiem, a jednocześnie wyglądają atrakcyjnie lub dobrze wyglądają na zasadzie całości. Osoby z takim typem ust rodzą się idealistami i z szarym sercem w ustach, oznacza to, że są wrodzonym mózgiem, kochają naukę, są bardzo zainteresowane i płynne również. W przeciwieństwie do wygiętych księżycowych ust, ten typ wprowadzenia wygląda jak przeciwległa łódź, a konstrukcje podrzędnych warg są zacienione na czerwono, choć wyższe wargi są duże, ciaśniejsze i wyraźniejsze wargi dolne, opadające narożniki. Tego typu osoby są licencjami, wyobrazić sobie złą stronę bez przedmiotu tego, co robią. Brak pewności siebie istnieje w tego typu osobach.
Celem pracy była korelacja między prawidłowym tętnem a kształtem jamy ustnej.

MATERIAŁ I METODA

W bieżącym badaniu wzięło udział łącznie 200 uczestników.
Aby zmierzyć częstotliwość impulsów, przede wszystkim znalazłem puls i zsumowałem liczbę uderzeń, wyczuwasz je w ciągu 60 sekund. Puls szyjny, który był obecny w szyi w celu zmierzenia częstości akcji serca przy otwartej szyi. Teraz umieść dwie główne kończyny po obu stronach otwartej szyi, chyba że wyczuwasz bicie. Alarm nie naciskaj zbyt mocno, a następnie sumuj liczbę uderzeń przez 60 sekund.
Przygotowano ankietę, która miała na celu korelację częstości akcji serca z kształtem jamy ustnej. Zadałem pytanie, jaki jest twój Kształt Usta? Z tematów i dała opcje okrągłe lub owalne.

Analiza statystyczna

Analiza statystyczna została wykonana przy użyciu SAS (Statistical Analysis Software), a *test t* został wykorzystany do analizy wyników.

WYNIKI I DYSKUSJA

Stosunek normalnego tempa pulsu do kształtu jamy ustnej podano w tabeli 1. Z tabeli 1 jasno wynika, że częstość pulsu nie ma naukowego związku z kształtem jamy ustnej, ponieważ *wartość p* jest większa niż 0,05. W związku z tym wynik był nieistotny.

Tabela 1: Współczynnik impulsów w odniesieniu do kształtu ust (średnia±SD)

OKRĄGŁY KSZTAŁT W JAMIE USTNEJ	OWALNY KSZTAŁT JAMY USTNEJ
78.24±11.50	**79.30±9.62**
***p=0.*48**	

(*p>0*,05 stąd p>0,05 uważany za nieistotny)

Przygotowano ankietę, która miała na celu korelację częstości akcji serca z kształtem jamy ustnej.

Wniosek

Stwierdzono, że częstość pulsu nie ma naukowego związku z kształtem jamy ustnej, ponieważ *wartość p* jest większa niż 0,05. W związku z tym wynik był nieistotny.

Związek normalnego ciśnienia krwi z kształtem ust.

ABSTRACT

Celem obecnej nauki było skorelowanie regularnego ciśnienia krwi z kształtem jamy ustnej. Ogółem do niniejszego badania przyczyniło się około 200 osób. Do pomiaru ciśnienia krwi użyto cyfrowego aparatu do pomiaru ciśnienia krwi (BP) zwanego sfigmomanometrem i zmierzono ciśnienie krwi 200 studentów Baha Uddin Zakariya University, Multan, Pakistan. Przygotowaliśmy kwestionariusz w celu określenia interakcji pomiędzy normalnym ciśnieniem krwi a kształtem jamy ustnej. Kwestionowaliśmy to, jaki jest twój kształt ust? Od osób i pod warunkiem, że wybory owalne i okrągłe. Stwierdzono, że normalne ciśnienie krwi nie ma żadnego naukowego związku z kształtem jamy ustnej.

Słowa kluczowe: Ciśnienie krwi, Stowarzyszenie, Kształt ust, Kształt usta

INTRODUKCJA

Pozostałości krwi dostarczane są wokół ciała w rurach zwanych naczyniami plazmowymi. Pchnięcie serca zatrzymuje poruszającą się plazmę przez te naczynia. Ciśnienie krwi (BP) to w rzeczywistości ilość ciśnienia w ścianach zbiorników o nazwie tętnice (1). Nadciśnienie tętnicze to kolejna nazwa wysokiego ciśnienia krwi, które może być bardzo niebezpieczne, jeśli pozostanie nienaruszone. Ciśnienie krwi (BP) jest bardzo poważnym zaburzeniem i zmienia się od czasu do czasu, na które wpływa wiele czynników, takich jak sen, leki, alkohol itp. Normalne ciśnienie krwi ma zakres mniejszy niż 130/85mmHg. Górne ciśnienie krwi nazywane jest skurczowym, które ma normalny zakres 120mmHg, a niższe ciśnienie krwi nazywane jest rozkurczowym, które mieści się w zakresie 80-90mmHg (2).

Istnieją różne formy ust jak uśmiechnięte usta, które za każdym razem pozostają uśmiechem. Takie osoby uwielbiają się uśmiechać. Smutne usta, które pozostają smutne w każdej sytuacji (3). Istnieją inne główne formy ust zwane ustami okrągłymi i owalnymi. Okrągłe usta są okrągłe, a owalne jak owalne, zwane też jajowatymi ustami. Inne rodzaje ust są wyściełane w kształcie ust (4). Osoba z takimi ustami pozostaje zajęta. Usta bez grosza to kolejna forma ust. Osoba z tymi ustami w kształcie jest niebezpiecznym i niebezpiecznym kąskiem w plecach.

Celem obecnej nauki było znalezienie interakcji pomiędzy regularnym ciśnieniem krwi a kształtem jamy ustnej.

MATERIAŁ I METODA

Łącznie w niniejszym badaniu wzięło udział około 200 osób.

Do pomiaru ciśnienia krwi użyto cyfrowego aparatu do pomiaru ciśnienia krwi (BP) zwanego sfigmomanometrem i zmierzono ciśnienie krwi 200 studentów Baha Uddin Zakariya University, Multan, Pakistan. Następnie zapisaliśmy zmierzone ciśnienie krwi na papierze i wykonaliśmy tabelę ciśnienia skurczowego i rozkurczowego oddzielnie.

Przeprowadzono badanie mające na celu określenie interakcji pomiędzy ciśnieniem krwi a kształtem ust. Kwestionowaliśmy to, jaki jest kształt twoich ust? Od osób i pod warunkiem, że wybory Owal i Okrągła

Analiza statystyczna

Dochodzenie statystyczne zostało przeprowadzone przy pomocy programów MS Excel, *t-Test* i SAS (Statistical Analysis Software).

WYNIK I DYSKUSJA

Interakcja regularnego ciśnienia tętniczego z kształtem jamy ustnej podana jest w Tabeli 1 i Tabeli 2. Z tabel 1 i 2 jasno wynikało, że ciśnienie krwi nie ma naukowego wpływu na kształt jamy ustnej.

Tabela 1: Normalne ciśnienie krwi (skurczowe) w odniesieniu do kształtu ust (średnia ± SD)

Płeć	Okrągły kształt usta	Owalny kształt usta	*p-wartość*
Mężczyzna	125.88±13.86	135.33± 15.54	0.08
Kobieta	118.07±13.70	115.87± 11.24	0.39
Łączone	121.97± 5.52	125.6 ±13.76	0.59

Tabela 2: Normalne ciśnienie krwi (rozkurczowe) w odniesieniu do kształtu ust (średnia ± SD)

Płeć	Okrągły kształt usta	Owalny kształt usta	*p-wartość*
Mężczyzna	74.25±12.34	72±15.88	0.65
Kobieta	74.51±12.49	74.32±9.87	0.92
Łączone	74.38±0.18	73.16±1.64	0.20

(p>0,05 stąd uważany za nieistotny)

Przeprowadzono badanie mające na celu określenie interakcji pomiędzy grupą krwi a kształtem ust.

Wniosek

Stwierdzono, że ciśnienie krwi nie ma naukowego związku z kształtem ust.

Interakcja normalnego poziomu glukozy we krwi z kształtem jamy ustnej

ABSTRACT

W celu ustalenia związku między regularnym poziomem glukozy we krwi a kształtem jamy ustnej przeprowadzono badanie. W obecnym badaniu wzięło udział około 200 osób. Do pomiaru poziomu glukozy we krwi wzięliśmy glukometr cyfrowy, a następnie również krew 200 osób do pomiaru poziomu glukozy na czczo. Pobraliśmy kroplę krwi od 200 osób z glukometrem, który dał nam poziom cukru we krwi Oczywiste było, że regularny poziom glukozy we krwi ma naukowe oddziaływanie na kształt ust, ponieważ wartość *p* jest niższa niż 0,05, dlatego wynik był znaczący.

Słowa kluczowe: Glukoza, krew, Stowarzyszenie

INTRODUKCJA

Glukoza we krwi to stężenie glukozy lub cukru obecne we krwi osoby. Normalny mechanizm cukru we krwi jest taki, że insulina utrzymuje stężenie glukozy w organizmie. Osoba, która używa cukru w nadmiarze cierpi na wysoki poziom glukozy we krwi, zwany cukrzycą. Cukrzyca nie jest chorobą, lecz stanem, który może być kontrolowany przez osobę(1). Osoba z wysokim poziomem cukru we krwi musi chodzić, aby utrzymać poziom cukru we krwi. Cukrzyca powoduje kilka chorób, jeśli nie jest kontrolowana(2).

Istnieją różne formy ust, takie jak usta śmiechu, usta smutne, usta agresywne, usta poważne, ale najczęściej spotykane formy to usta owalne i usta o okrągłym kształcie. Osoba, która śmieje się za każdym razem, nazywana jest Osobą z uśmiechniętymi ustami. Osoba, która pozostaje smutna, nazywana jest osobą smutną w ustach lub osobą z agresywnością nazywana jest osobą agresywną w ustach. Osoba z wściekłymi ustami nazywana jest osobą z wściekłymi ustami. Najczęściej spotykane formy ust to owalny kształt ust lub okrągły kształt ust. Osoba z owalnymi ustami nazywana jest ustami owalnymi, a osoba z okrągłym kształtem ust nazywana jest ustami o okrągłym kształcie.

MATERIAŁ I METODA

W obecnym badaniu wzięło udział około 200 osób.

Do pomiaru poziomu glukozy we krwi wzięliśmy glukometr cyfrowy, a następnie również krew 200 osób do pomiaru poziomu glukozy na czczo. Pobraliśmy kroplę krwi od 200 osób z glukometrem, u których zmierzono poziom glukozy we krwi.

W celu ustalenia związku między regularnym poziomem glukozy we krwi a kształtem jamy ustnej przeprowadzono badanie.

Analiza statystyczna

Dochodzenie statystyczne zostało przeprowadzone z pomocą *t-Test* i MS-Excel.

WYNIK I DYSKUSJA

W tabeli przedstawiono związek pomiędzy prawidłowym poziomem glukozy we krwi a kształtem jamy ustnej: 1.było to oczywiste z tabeli: 1, że regularny poziom glukozy we krwi ma związek naukowy z kształtem jamy ustnej.

Tabela 1: Normalny poziom glukozy we krwi pod względem kształtu ust (średnia ±SD)

GENDER	OKRĄGŁY KSZTAŁT USTA	OWALNY KSZTAŁT USTA	*p-VALUE*
MĘŻCZYZNA	93.23 ±7.38	90.50 ±3.50	0.23
FEMALE	93.30± 9.62	89.38 ±5.97	0.01*
COMBINED	93.26 ±0.04	89.94 ±0.79	0.009

(*p<0,05 stąd uważany za istotny)

W celu ustalenia związku pomiędzy normalnym poziomem glukozy we krwi a kształtem jamy ustnej przeprowadzono badanie.

Wniosek

Było oczywiste, że regularny poziom glukozy we krwi ma naukowe oddziaływanie z kształtem jamy ustnej, ponieważ wartość *p* jest niższa niż 0,05, dlatego też wynik był znaczący.

Związek normalnej temperatury ciała z kształtem ust.

ABSTRACT

Celem obecnego badania było zbadanie zależności między normalną temperaturą ciała a kształtem jamy ustnej Prawie 200 osób wzięło udział w obecnym badaniu. Celem badania było znalezienie związku pomiędzy normalną temperaturą ciała a kształtem jamy ustnej. Z obecnego badania dowiadujemy się, że normalna temperatura ciała nie ma naukowego związku z kształtem jamy ustnej, ponieważ *wartość p* jest większa niż 0,1, dlatego też uważana jest za nieistotną.

Słowa kluczowe: Asocjacjacja, temperatura, usta

INTRODUKCJA

Stopień gorąca nazywany jest temperaturą ciała. Normalna temperatura ciała człowieka wynosi 98,5 i 37. Jeżeli temperatura staje się wysoka, wówczas stan określany jako gorączka (1). Temperatura jest niższa u mężczyzn niż u kobiet i wyższa u dzieci w porównaniu z dorosłymi. Temperatura w organizmie jest niższa w porównaniu do całego dnia rano (2). Dlatego też, jeśli zauważyłeś, że temperatura ciała jest wyższa rano niż jest to bardzo nietypowa rzecz. Przyrząd używany do pomiaru temperatury ciała nosi nazwę termometru. Termometr cyfrowy jest również dostępny na rynku, co daje numer na ekranie termometru (3).

Kształt ust jest ważnym czynnikiem, który odgrywa ważną rolę w osobowości osoby. Istnieją różne rodzaje kształtów ust, takie jak usta śmiechu, usta smutne, agresywne usta, księżyc w kształcie półksiężyca usta, odwrotny kształt łodzi na zewnątrz, usta okrągłe, kształt usta kwadratowe, usta w kształcie lotosu, usta wiśniowe, usta w kształcie owalnym itp. te wszystkie kształty ust mają pewne lub szczególne cechy, takie jak kształt ust śmiechu, który wydaje się uśmiechnięty.W przeciwieństwie do kształtu ust śmiechu mamy smutne usta, które wydaje się smutne. Ale tutaj skupimy się na owalnych ustach i okrągłych zacienionych ustach.

Celem obecnego badania było zbadanie zależności pomiędzy normalną temperaturą ciała a kształtem jamy ustnej.

MATERIAŁ I METODA

W obecnym badaniu wzięło udział prawie 200 osób.

Do pomiaru temperatury ciała, wzięliśmy termometr cyfrowy i zmierzyć temperaturę ciała każdego ucznia i wymieniliśmy ich temperaturę na kwestionariuszu.

Celem badania było znalezienie związku pomiędzy normalną temperaturą ciała a kształtem jamy ustnej.

Analiza statystyczna

Dochodzenie statystyczne przeprowadzono przy pomocy *testów t-Test* i MS-Excel.

WYNIK I DYSKUSJA

Relacja normalnej temperatury ciała z kształtem ust została podana w tabeli #1. Tablica ##1 wyraźnie pokazuje, że nie istnieje żaden naukowy związek pomiędzy normalną temperaturą ciała a kształtem ust, ponieważ wartość *p* jest większa niż 0.1, dlatego powiedzieliśmy że wynik był nieistotny

Tabela#1: Regularne skojarzenie temperatury ciała z kształtem ust (Mean± SD)

GENDER	OKRĄGŁY KSZTAŁT USTA	OWALNY KSZTAŁT USTA	*p-wartość*
MĘŻCZYZNA	97.25± 2.37	82.15 ±35.71	0.26
FEMALE	96.67 ±1.96	97.04 1±.59	0.30
COMBINED	96.92±± 0.45	89.59± 10.52	0.23

($p>0.1$ stąd p uważany za nieistotny)

Ustalono, że istnieje jakakolwiek zależność między normalną temperaturą ciała a kształtem jamy ustnej.

Wniosek

Z obecnego badania dowiadujemy się, że normalna temperatura ciała nie ma naukowego związku z kształtem jamy ustnej, ponieważ *wartość p* jest większa niż 0,1, dlatego też uważana jest za nieistotną.

Asocjacjacja normalnego tempa oddychania z kształtem ust.

ABSTRACT

Celem niniejszego badania było znalezienie jakiegokolwiek związku pomiędzy oddychaniem a kształtem jamy ustnej Prawie 200 osób wzięło udział w bieżącym badaniu W celu zmierzenia częstości oddychania, każda osoba, która wzięła udział w obecnym badaniu, liczy szybkość oddychania na minutę i wspomina o częstości oddychania na dostarczonej przez nas ankiecie. Ankieta została przygotowana w celu znalezienia wszelkich interakcji pomiędzy oddychaniem a kształtem jamy ustnej. Z obecnego badania wynika, że normalna częstość oddychania oddziałuje naukowo na kształt jamy ustnej, ponieważ wartość *p* jest niższa niż 0,1, dlatego też wynik ten uznaje się za istotny.

Słowa kluczowe: Stowarzyszenie, oddychanie, usta, oddychanie

INTRODUKCJA

Oddychanie odnosiło się do procesu pobierania powietrza do i z płuc w celu wymiany gazów z otoczeniem wewnętrznym. W tym procesie jednostka pobiera tlen do płuc i wydala dwutlenek węgla z płuc, aby zakończyć proces oddychania. Jest to powtarzające się zjawisko życia i jest bardzo istotne dla życia. Jeśli czujesz stres, wykonaj ćwiczenia oddechowe dla ulgi i spokoju. Każdy segment ciała ludzkiego niezdolny do przetrwania bez tlenu mózg, serce, płuca itp.

Tematem mojej dyskusji jest związek oddychania z kształtem jamy ustnej, więc przede wszystkim bierzemy pod uwagę kształt jamy ustnej. Istnieje wiele form kształtu ust jak perła w ustach w kształcie morza, mają one pewne cechy, takie jak są bardzo niebezpieczne i grają sztuczki za. Wyściełane usta, osoba z wyściełanymi ustami ma słabe relacje z ludźmi i jest podatna na niebezpieczne rzeczy. Dmuchnij w usta ognia, osoba z dmuchniętymi ustami ognia ma pecha dla swojej rodziny. Okrągłe usta, osoba z okrągłymi ustami ma słabą komunikację z płcią przeciwną i pozostaje samowolna.

Celem niniejszego badania było znalezienie jakiegokolwiek związku pomiędzy oddychaniem a kształtem jamy ustnej.

MATERIAŁ I METODA

W obecnym badaniu wzięło udział prawie 200 osób.

Do pomiaru częstości oddychania, każda osoba, która wzięła udział w bieżącym badaniu, liczy częstość oddychania na minutę i wspomina o częstości oddychania na kwestionariuszu, który im dostarczyliśmy.

Ustawiono kwestionariusz w celu sprawdzenia wszelkich zależności między częstością oddychania a kształtem jamy ustnej.

Analiza statystyczna

Badanie statystyczne zostało przeprowadzone przy pomocy t-Test i SAS (Statistical Analysis Software).

WYNIK I DYSKUSJA

Związek między normalnym tempem oddychania a kształtem jamy ustnej przedstawiono w tabeli 1. W tabeli 1 wyjaśniono, że istnieje związek naukowy między normalnym tempem oddychania a kształtem jamy ustnej, ponieważ wartość *p* jest mniejsza niż 0,1, dlatego też wynik uznaje się za istotny.

Tabela#1: Regularne tempo oddychania w odniesieniu do kształtu ust (średnia ±SD)

GENDER	OKRĄGŁY KSZTAŁT USTA	OWALNY KSZTAŁT USTA	*p-VALUE*
MĘŻCZYZNA	23.93± 5.11	19.85± 2.60	0.01*

FEMALE	19.86± 4.12	20.82± 6.87	0.43
COMBINED	21.91± 2.89	20.35± 0.68	0.31

(*p<0,1 stąd p uważany za istotny)

Przeprowadzono badanie mające na celu sprawdzenie związku pomiędzy normalnym tempem oddychania a kształtem jamy ustnej.

Wniosek

Z obecnego badania wynika, że normalna częstość oddychania oddziałuje naukowo na kształt jamy ustnej, ponieważ wartość *p* jest niższa niż 0,1, dlatego też wynik ten uznaje się za istotny.

Stowarzyszenie Krwi w Moczu z kształtem ustami

ABSTRACT

Powodem najnowszej wiedzy było zbadanie wszelkich interakcji pomiędzy krwią w moczu i kształtem jamy ustnej. Około 100 osób wzięło udział w obecnym badaniu For Urine Analysis Take urine from the person and dip the urine analysis strip into the urine. Teraz obserwuj gołym okiem i zanotuj odczytywanie paska. Czy to negatywne, hemolityczne dodatnie czy niehemolityczne. Ankieta miała na celu znalezienie związku pomiędzy kształtem jamy ustnej a kształtem krwi w moczu. Stwierdzono, że maksymalna kobieta z krwią ujemną w moczu miała owalne usta, a maksymalny mężczyzna z krwią ujemną w moczu miał okrągłe usta.

Słowa kluczowe: Krew, Stowarzyszenie, Mocz, Mocz.

INTRODUKCJA

Jeśli kiedykolwiek zauważyłeś, że twój mocz wygląda jak różowy lub czerwony kolor, to nie jest to dobra wiadomość lub nie jest dobry dla twojego zdrowia, sytuacja jest niebezpieczna (1). Istnieje kilka przyczyn, które sprawiają, że twoja krew ma różowy lub czerwony kolor zacznijmy od jedzenia, kiedy zjesz coś, co jest czerwone jak truskawka, jest to jedna z głównych przyczyn, które sprawiają, że twój mocz jest czerwony (2). Inną przyczyną czerwonego moczu jest to, że gdy bakterie dostają się do pęcherza moczowego, powodują infekcję i z powodu tej infekcji Twój siusiak wygląda jak czerwony lub różowy.

Istnieją różne formy lub liczba kształtów ust, takich jak gruszki w kształcie usta określane jako perła w kształcie usta morza, kształt usta w kształcie linii, usta Boga grzmot w kształcie również określane jako dmuchanie ognia w kształcie usta, usta w kształcie pąka różanego również określane jako wiśni w kształcie usta w kształcie lotosu, usta w kształcie kwadratu, kształt usta w kształcie odwróconej łodzi, kształt księżyca w kształcie usta w kształcie półksiężyca, kształt ust uśmiechniętych, kształt ust w kształcie owalnym i usta w kształcie okrągłym (4).

Celem niniejszego badania było znalezienie naukowej zależności pomiędzy kształtem jamy ustnej a kształtem krwi w moczu.

MATERIAŁ I METODA

W bieżącym badaniu wzięło udział około 100 osób.

Do analizy moczu Weź mocz od osoby i zanurz pasek analizy moczu w moczu. Teraz obserwuj gołym okiem i zanotuj odczytywanie paska. Czy jest to wynik negatywny, hemolityczny dodatni czy niehemolityczny

Ankieta została przygotowana w celu określenia wszelkich zależności między kształtem jamy ustnej a kształtem krwi w moczu.

Analiza statystyczna

Procent został obliczony w celu oceny wyników.

WYNIK I DYSKUSJA

Zależność między kształtem jamy ustnej a kształtem krwi w moczu podano na wykresach 1,2,3 i 4.

Wykres 1: Kobiety o okrągłym kształcie usta

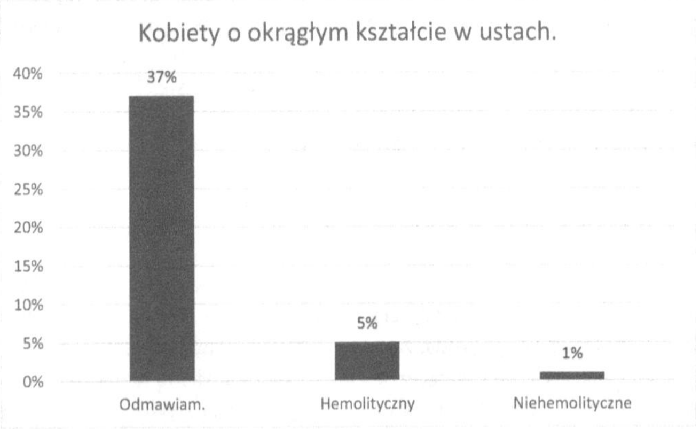

Z wykresu jasno wynika, że 37% kobiet z ujemną krwią w moczu ma okrągłe usta, podczas gdy 5% z hemolityczną krwią w moczu ma okrągłe usta i tylko 1% z niehemolityczną krwią w moczu ma okrągłe usta.

Wykres 2: Męski okrągły kształt usta

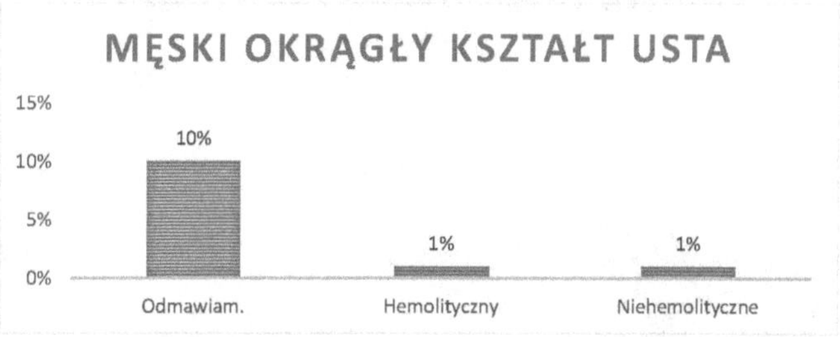

Z wykresu 2 jasno wynika, że 10% mężczyzna z krwią ujemną I moczu ma okrągłe usta, podczas gdy 1% z krwią hemolityczną w moczu ma okrągłe usta i 1% z krwią niehemolityczną w moczu ma okrągłe usta.

Wykres 3: Kobieta owalny kształt usta

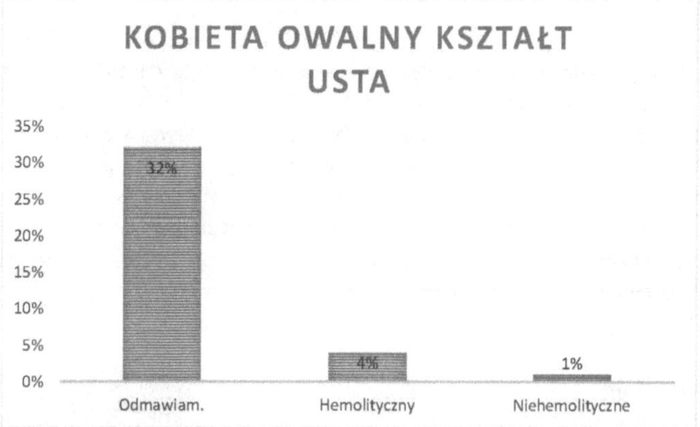

Wykres 3 wyjaśnia, że 32% kobiet z ujemnym wynikiem w moczu ma owalne usta, podczas gdy 4% z krwią hemolityczną w moczu ma owalne usta, a tylko 1% z krwią niehemolityczną w moczu ma owalne usta.

Wykres 4: Owalny kształt męski Kształt usta

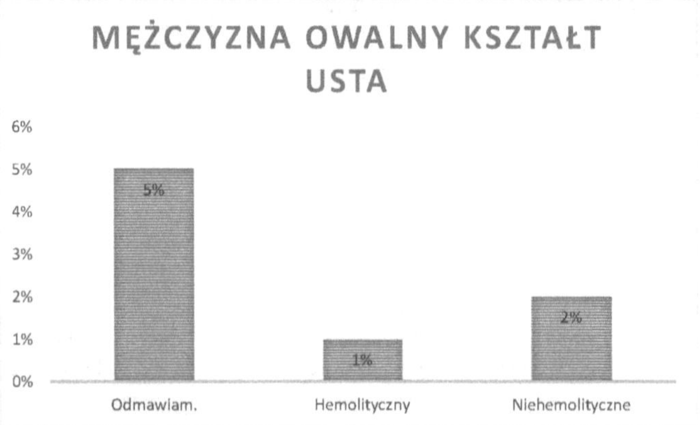

Z wykresu 4 wynika, że 5% mężczyzn z ujemnym wynikiem w moczu miało owalne usta, 1% z hemolityczną krwią w moczu - owalne usta, a 2% z niehemolityczną krwią w moczu - owalne usta.

Wniosek

Stwierdzono, że maksymalna kobieta z krwią ujemną w moczu miała owalne usta, a maksymalny mężczyzna z krwią ujemną w moczu miał okrągłe usta.

Interakcja bilirubiny moczowej z kształtem ust.

ABSTRACT

Celem ostatniego badania było znalezienie interakcji pomiędzy kształtem ust i bilirubiny w moczu. Około 100 osób wzięło udział w bieżącym badaniu For Urine Analysis Take urine from the person and dip the urine analysis strip into the urine. Teraz obserwuj gołym okiem i zanotuj odczytywanie paska. Bez względu na to, czy jest ona negatywna czy pozytywna. Stwierdzono, że 64% szans jest to, że kobieta z okrągłymi ustami ma bilirubinę moczu, a 36% szans jest to, że kobieta z owalnymi ustami ma bilirubinę moczu, podczas gdy w przypadku mężczyzn 71,42% szans jest to, że mężczyzna z okrągłymi ustami ma bilirubinę moczu, a 28,57% szans jest to, że mężczyzna z owalnymi ustami ma bilirubinę moczu.

Słowa kluczowe: Krew, interakcja, Bilirubin.

INTRODUKCJA

Bilirubina moczowa odnosi się do poziomu bilirubiny we krwi. Bilirubina jest żółty kolor substancji, które wykonane z procesu rozkładu czerwonych krwinek (RBCs).bilirubina istnieje w żółci i żółć jest substancją, która pomaga w procesie trawienia. Usunięcie bilirubiny zależy od żołądka. Jeśli twój żołądek jest zdrowy, to nie usuwa bilirubiny z organizmu, ale jeśli żołądek jest uszkodzony, to bilirubina wypływa z organizmu i powoduje chorobę wątroby. Jeśli w moczu znajduje się bilirubina, powoduje ona wiele zaburzeń, takich jak zapalenie wątroby (1).

Perła w ustach osoby w kształcie morza nie są dobre, są one niebezpieczne zazwyczaj grać sztuczki za jednostką. Te rodzaje osób nazwanych, ponieważ ich górna warga wystaje jak perła w morzu. Te typy osób z perłowymi ustami nie nadają się do pracy (2). Siedząc z tymi typami osób, uważaj lub zapobiegaj ujawnianiu swoich wewnętrznych myśli przed tymi typami osób, ponieważ są one bardzo niebezpieczne, więc uważaj na nie (3).

Celem ostatnich badań było znalezienie interakcji pomiędzy bilirubiną moczu a kształtem jamy ustnej.

MATERIAŁ I METODA

W bieżącym badaniu wzięło udział prawie 100 osób.

Do analizy moczu Weź mocz od osoby i zanurz pasek analizy moczu w moczu. Teraz obserwuj gołym okiem i zanotuj odczytywanie paska. Bez względu na to, czy jest ona negatywna czy pozytywna.

Ankieta miała na celu znalezienie naukowej zależności pomiędzy kształtem jamy ustnej a bilirubiną moczu.

Analiza statystyczna

Procent został obliczony w celu oceny wyników.

WYNIKI I DYSKUSJA

Interakcja między kształtem bilirubiny w moczu a kształtem jamy ustnej została przedstawiona na wykresie 1,i 2.

Wykres 1: Mężczyzna - kobieta - okrągły kształt usta

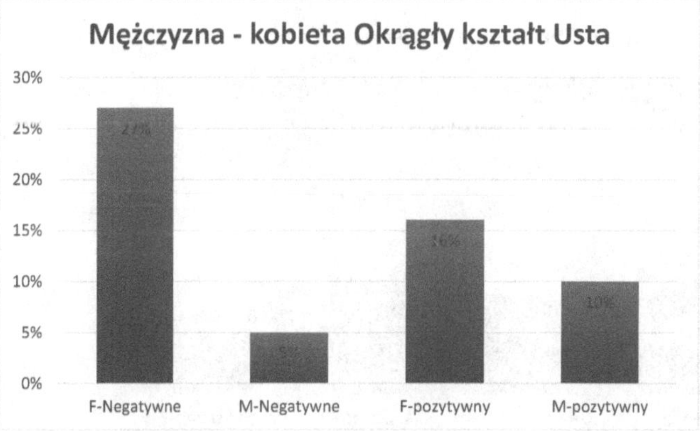

Na wykresie 1 i 2 "F" reprezentuje kobietę podczas gdy "M" reprezentuje mężczyznę było jasne z wykresu 1, że 27% kobiety z ujemnym moczem bilirubina miała okrągłe usta, podczas gdy 16% kobiet z dodatnim moczem bilirubina miała okrągłe usta podobnie 5% mężczyzn z ujemnym bilirubiną miało okrągłe usta, podczas gdy 10% mężczyzn z dodatnim bilirubinem miało okrągłe usta

Wykres 2: Mężczyzna - kobieta owalny kształt usta

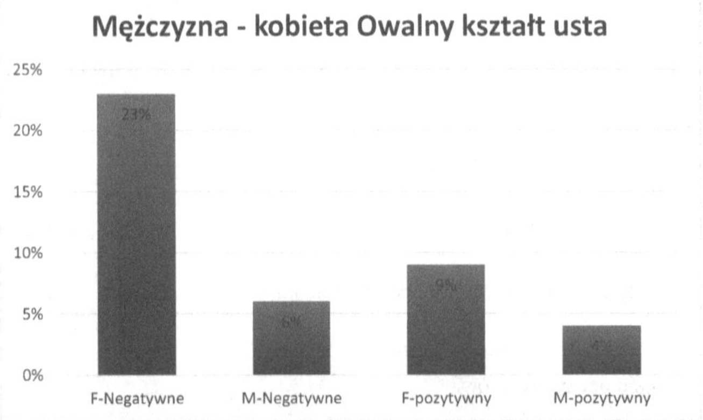

Z wykresu 2 wynikało jasno, że 23% kobiet z ujemnym stężeniem bilirubiny w moczu miało owalnie ukształtowane usta, podczas gdy 9% kobiet z dodatnim stężeniem bilirubiny miało owalnie ukształtowane usta podobnie 6% mężczyzn z ujemnym stężeniem bilirubiny, podczas gdy 4% mężczyzn z dodatnim stężeniem bilirubiny miało owalnie ukształtowane usta.

Wykres 3: Okrągły - owalny kształt usta Wartości dodatnie

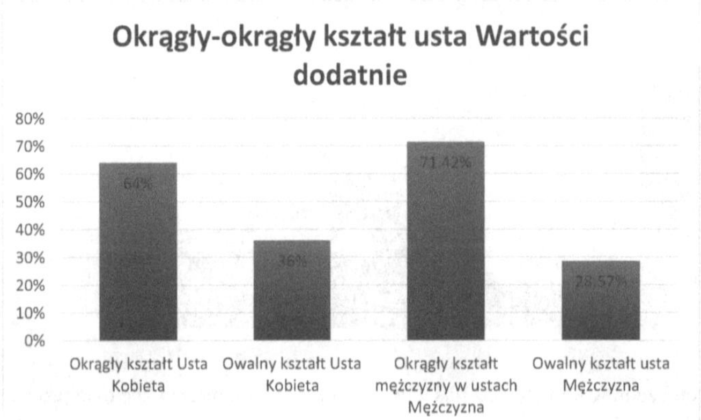

Z powyższego wykresu jasno wynika, że w przypadku kobiet 64% szans jest to, że kobieta z okrągłymi ustami ma bilirubinę moczu, a 36% szans jest to, że kobieta z owalnymi ustami ma bilirubinę moczu, podczas gdy w przypadku mężczyzn 71,42% szans jest to, że mężczyzna z okrągłymi ustami ma bilirubinę moczu, a 28,57% szans jest to, że mężczyzna z owalnymi ustami ma bilirubinę moczu.

Wniosek

stwierdzono, że 64% szans jest to, że kobieta z okrągłymi ustami ma bilirubinę moczu, a 36% szans jest to, że kobieta z owalnymi ustami ma bilirubinę moczu, podczas gdy w przypadku mężczyzn 71,42% szans jest to, że mężczyzna z okrągłymi ustami ma bilirubinę moczu, a 28,57% szans jest to, że mężczyzna z owalnymi ustami ma bilirubinę moczu

Stowarzyszenie Urobilinogenu z kształtem ust.

ABSTRACT

Celem ostatnich badań było znalezienie wszelkiego rodzaju naukowych zależności pomiędzy kształtem urobilinogenu a kształtem jamy ustnej. W badaniu wzięło udział około 100 osób. Do analizy moczu Weź mocz od osoby i zanurz pasek analizy moczu w moczu. Teraz obserwuj gołym okiem i zanotuj odczytywanie paska. Bez względu na to, czy jest ona pozytywna czy negatywna. Kwestionariusz został ustawiony w celu znalezienia wszelkiego rodzaju naukowych relacji między kształtem jamy ustnej i urobilinogenu Stwierdzono, że 60% szans jest to, że kobieta z owalnie ukształtowanymi ustami ma Urobilinogen i 40% szans jest to, że kobieta z owalnie ukształtowanymi ustami ma Urobilinogen, podczas gdy w przypadku mężczyzn 76,19% szans jest to, że mężczyzna z okrągłymi ustami ma Urobilinogen i 31,25% szans jest to, że mężczyzna z owalnie ukształtowanymi ustami ma Urobilinogen.

Słowa kluczowe: Mocz, okrągły, urobilinogenny

INTRODUKCJA

Poprzez redukcję bilirubiny powstaje substancja zwana urobilinogenem. Urobilinogen powstaje w wątrobie w wyniku rozpadu bilirubiny (1). Bilirubina jest substancją typu żółtego, która pomaga w procesie rozkładu czerwonych krwinek. Oznacza to, że jeśli kiedykolwiek zauważyłeś, że nie ma urobilinogenu lub małego urobilinogenu w moczu, to wątroba nie działa prawidłowo, co jest wskazaniem na jakiś rodzaj choroby. Ponieważ normalny mocz ma pewną ilość urobilinogenu. Następnie, w jaki sposób można określić ilość urobilno0gen?dont worry, ponieważ istnieje liczba testów, takich jak test moczu lub test analizy moczu itp.

Teraz są ludzie z podszytymi ustami. Są one nazywane jako kształt podszyty z powodu kształtu podszytych ust. Osoba z podszytymi ustami jest lub zwykle ma zajęte zajęciami. Są bezradni i mają długie życie. Zwykle osiągają one sukcesy, ale także ponoszą straty finansowe. Osoba z kształtem linii ustnej ma zły stosunek do ludzi, więc uważajcie na osoby z kształtem linii ust (3). Celem ostatnich badań było znalezienie wszelkiego rodzaju naukowych zależności pomiędzy kształtem urobilinogenu a kształtem jamy ustnej.

MATERIAŁ I METODA

W obecnym badaniu wzięło udział około 100 osób.

Do analizy moczu Weź mocz od osoby i zanurz pasek analizy moczu w moczu. Teraz obserwuj gołym okiem i zanotuj odczytywanie paska. Czy jest ona pozytywna czy negatywna

Ustalono kwestionariusz w celu znalezienia dowolnego rodzaju zależności naukowej pomiędzy kształtem jamy ustnej a urobilinogenem.

Analiza statystyczna

Procent został obliczony w celu oceny wyników.

WYNIK I DYSKUSJA

Interakcja między urobilinogenem a kształtem jamy ustnej jest wymieniona na wykresie 1,i 2.

Wykres 1: Mężczyzna - kobieta - okrągły kształt usta

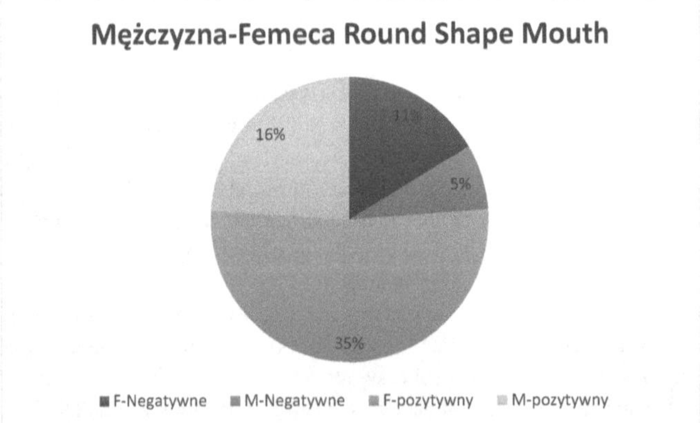

Na wykresie 1 i 2 "F" reprezentuje kobietę, podczas gdy "M" reprezentuje mężczyznę z wykresu 1, że 11% kobiety z urobilinogenem urobilinogenem negatywnym miało okrągłe usta, podczas gdy

35% kobiety z urobilinogenem pozytywnym miało okrągłe usta podobnie 5% mężczyzny z urobilinogenem negatywnym miało owalne usta i 16% mężczyzny z urobilino0genem pozytywnym miało okrągłe usta

Wykres 2: Mężczyzna - kobieta Owalny kształt ust.

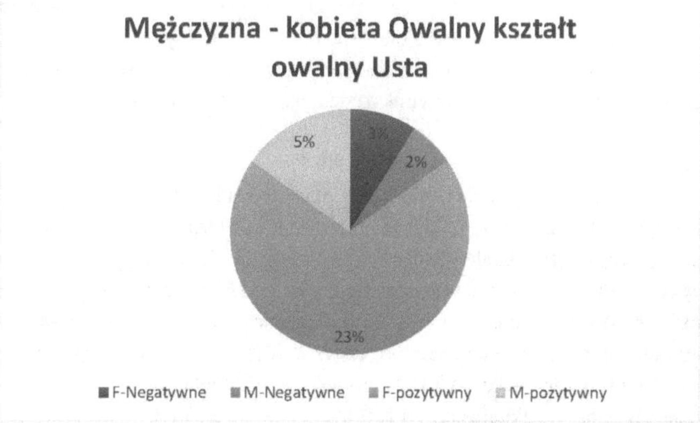

Z wykresu 2 wynikało, że 2% kobiet z urobilinogenem ujemnym miało owalnie ukształtowane usta, a 23% kobiet z urobilinogenem owalnym podobnie 2% mężczyzn z urobilinogenem ujemnym miało owalnie ukształtowane usta, a 5% mężczyzn z urobilinogenem owalnym kształcie ust.

Wykres 3: Okrągły - owalny kształt usta Wartości dodatnie

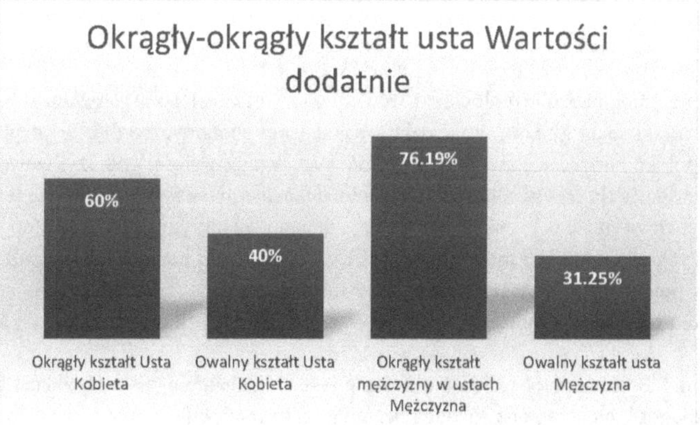

To było jasne z powyższego wykresu, że w przypadku kobiet 60% szanse są, że kobieta z okrągłym kształcie usta mają Urobilinogen i 40% szanse są, że kobieta z owalnym kształcie usta mają

Urobilinogen natomiast w przypadku mężczyzn 76,19% szanse są, że mężczyzna z okrągłym kształcie usta mają Urobilinogen i 31,25% szanse są, że mężczyzna z owalnym kształcie usta mają Urobilinogen

Wniosek

Stwierdzono, że 60% szans jest to, że kobieta z okrągłym kształcie usta mają Urobilinogen i 40% szans są to, że kobieta z owalnym kształcie usta mają Urobilinogen natomiast w przypadku mężczyzn 76,19% szanse są to, że mężczyzna z okrągłym kształcie usta mają Urobilinogen i 31,25% szanse są, że mężczyzna z owalnym kształcie usta mają Urobilinogen

ABSTRACT

Celem ostatniego badania było znalezienie wszelkiego rodzaju zależności pomiędzy kształtem jamy ustnej i ketonów moczowych. W bieżącym badaniu For Urine Analysis wzięto pod uwagę około 100 osób, które wzięły udział w badaniu i zanurzyły pasek analizy moczu w moczu. Teraz obserwuj gołym okiem i zanotuj odczytywanie paska. Bez względu na to, czy jest ona pozytywna czy negatywna. Ankieta została ustalona w celu znalezienia jakiegokolwiek naukowego związku pomiędzy kształtem jamy ustnej a ketonami moczu Stwierdzono, że 70% szans jest to, że kobieta z owalnymi ustami ma ketony moczu, a 30% szans jest to, że kobieta z owalnymi ustami ma ketony moczu, podczas gdy w przypadku mężczyzn 100% szans jest to, że mężczyzna z okrągłymi ustami ma ketony moczu i 0% szans jest to, że mężczyzna z owalnymi ustami ma ketony moczu.

Słowa kluczowe: Owalny, Ketony Moczu Kształtnego Moczu

Połączenie ketonów moczu z kształtem ust.

INTRODUKCJA

wszyscy wiemy, że glukoza jest głównym źródłem energii dla całego organizmu. W normalnym procesie organizm spala glukozę, aby spełnić wymagania energetyczne (1). W przypadku, gdy Twoje ciało lub komórka nie są w stanie uzyskać wystarczającej ilości glukozy, wówczas Twoje ciało zaczyna spalać tłuszcz w celu spełnienia wymagań energetycznych. W trakcie tego procesu organizm wytwarza substancję znaną jako ketony, dlatego też otrzymuje nazwę ketony w moczu. Ten keton wychodzi z krwią i moczem (2). Jeśli istnieje wysoki poziom lub nadmiar produkcji ketonów, to powoduje to poważne zaburzenie lub śmiertelne zaburzenie zwane cukrzycową kwasicą ketonową (DKA).DKA jest typem powikłania cukrzycy, które prowadzi do śmierci lub śpiączki.

Osoba z ustami Boga Grzmot również określane jako dmuchanie ognia w kształcie ust zwykle mają słabą długość życia .są one również bezradne. Są samolubni i nie szczerzy wobec innych osób. Istnieją różne przypadki4 dla mężczyzn i kobiet. Dla kobiet, ich szczęście jest bardzo złe dla dzieci i męża. Ale dla mężczyzn sytuacja nie jest tak skomplikowana i trudna (3).

Celem ostatniego badania było znalezienie wszelkiego rodzaju zależności pomiędzy kształtem jamy ustnej a ketonami moczu.

MATERIAŁ I METODA

W bieżącym badaniu wzięło udział około 100 osób.

Do analizy moczu Weź mocz od osoby i zanurz pasek analizy moczu w moczu. Teraz obserwuj gołym okiem i zanotuj odczytywanie paska. Czy jest ona pozytywna czy negatywna

Przeprowadzono badanie mające na celu znalezienie naukowej zależności między kształtem jamy ustnej a ketonami moczu.

Analiza statystyczna

Procent został obliczony w celu oceny wyników.

WYNIK I DYSKUSJA

Interakcja między kształtem bilirubiny w moczu a kształtem jamy ustnej została przedstawiona na wykresie 1,i 2.

Wykres 1: Mężczyzna - kobieta - okrągły kształt usta

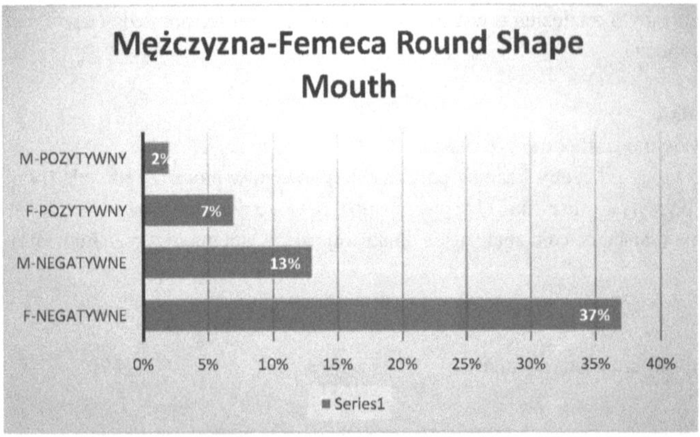

Na wykresie 1 i 2 "F" reprezentuje kobietę, podczas gdy "M" reprezentuje mężczyznę z wykresu 1, że 37% kobiet z ujemnymi ketonami moczu miało okrągłe usta, podczas gdy 7% kobiet z dodatnimi ketonami moczu miało okrągłe usta podobnie 13% mężczyzn z ujemnymi ketonami moczu miało okrągłe usta i tylko 2% mężczyzn z dodatnimi ketonami moczu miało okrągłe usta

Wykres 2: Mężczyzna - kobieta owalny kształt usta

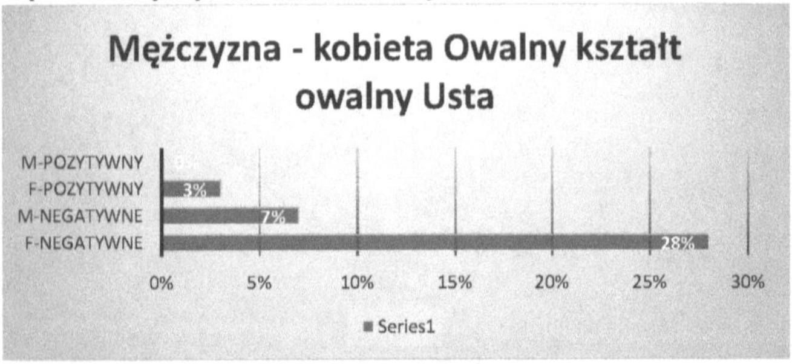

Z wykresu 2 wynikało jasno, że 28% kobiet z ujemnymi ketonami moczu miało owalne usta, podczas gdy 3% kobiet z dodatnimi ketonami moczu miało owalne usta podobnie 7% mężczyzn z ujemnymi ketonami moczu miało owalne usta, podczas gdy 0% mężczyzn z dodatnimi ketonami moczu miało owalne usta.

Wykres 3: Okrągły - owalny kształt usta Wartości dodatnie

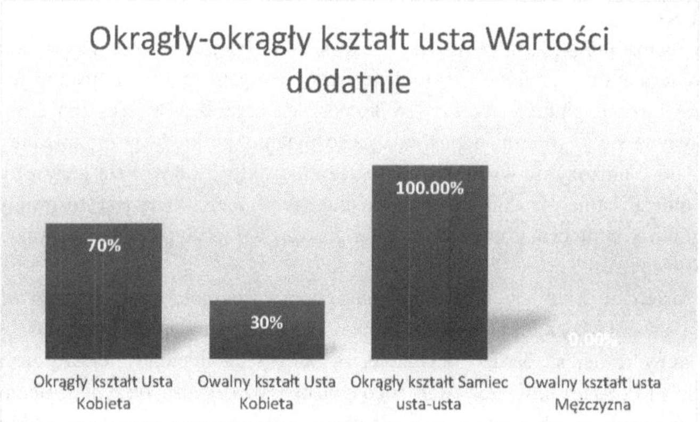

Z powyższego wykresu jasno wynika, że w przypadku kobiet 70% szans jest to, że kobieta z okrągłymi ustami ma Urine Ketones i 30% szans jest to, że kobieta z owalnymi ustami ma Urine Ketones, podczas gdy w przypadku mężczyzn 100% szans jest to, że mężczyzna z okrągłymi ustami ma Urine Ketones i 0% szans jest to, że mężczyzna z owalnymi ustami ma Urine Ketones

Wniosek

Stwierdzono, że 70% szans jest to, że kobieta z okrągłym kształcie usta mają Urine Ketones i 30% szans są to, że kobieta z owalnym kształcie usta mają Urine Ketones podczas gdy w przypadku mężczyzn 100% szans są to, że mężczyzna z okrągłym kształcie usta mają Urine Ketones i 0% szans są to, że mężczyzna z owalnym kształcie usta mają Urine Ketones

Interakcja glukozy moczowej z kształtem ust.

ABSTRACT

Powodem przeprowadzonych badań było znalezienie jakiegokolwiek związku pomiędzy stężeniem glukozy w moczu a kształtem jamy ustnej. Około 100 osób wzięło udział w istniejącym badaniu For Urine Analysis Take urine from the person and dip the urine analysis strip into the urine. Teraz obserwuj gołym okiem i zanotuj odczytywanie paska. Bez względu na to, czy jest ona pozytywna czy negatywna. Została przygotowana ankieta w celu znalezienia wszelkiego rodzaju naukowych zależności między kształtem jamy ustnej a glukozą moczową. Stwierdzono, że 100% szans na to, że kobieta z owalnymi ustami ma glukozę moczową, a 0% szans na to, że kobieta z owalnymi ustami ma glukozę moczową, podczas gdy w przypadku mężczyzn 100% szans na to, że mężczyzna z okrągłymi ustami ma glukozę moczową i 0% szans na to, że mężczyzna z owalnymi ustami ma glukozę moczową.

Słowa kluczowe: Usta, glukoza z moczu, interakcja

INTRODUKCJA

Glukoza w moczu lub glukoza w moczu odnosi się do ilości glukozy obecnej w moczu. Glukoza jest formą cukru, który jest głównym źródłem energii w organizmach (1). Insulina jest hormonem regulującym poziom glukozy we krwi w komórkach organizmów. Następnie, w jaki sposób glukoza pojawia się w moczu, odpowiada na to pytanie, że kiedy w organizmie znajduje się dodatkowa ilość glukozy, to wychodzi ona przez mocz, który nazywa się glukozą w moczu lub glukozą w moczu. Istnieje test nazwany testem glukozy w moczu, który jest stosowany do pomiaru poziomu glukozy w moczu, ponieważ nadmiar glukozy w moczu powoduje poważne zaburzenie zwane cukrzycą (2).

Wiśniowe osoby w kształcie grymasów mają zazwyczaj białe zęby, dlatego też nazywane wiśniowymi ustami nazywane są również osobami w kształcie różanego pyska. Osoby z tego typu kształtem jamy ustnej są bardzo przydatne, są bardzo inteligentne i cieszą się niesamowitą popularnością (3). Są też mili i delikatni. Tego typu osoby zazwyczaj otrzymują pomoc od innych. Tak jest w przypadku mężczyzn i kobiet, ale w przypadku kobiet jest jeszcze jedna cecha, jak w przypadku kobiet, które emitują szlachetność.

Powodem przeprowadzonych badań było znalezienie jakiegokolwiek związku pomiędzy stężeniem glukozy w moczu a kształtem jamy ustnej.

MATERIAŁ I METODA

W istniejącym badaniu wzięło udział około 100 osób.

Do analizy moczu Weź mocz od osoby i zanurz pasek analizy moczu w moczu. Teraz obserwuj gołym okiem i zanotuj odczytywanie paska. Bez względu na to, czy jest ona pozytywna czy negatywna.

Przygotowano kwestionariusz w celu określenia wszelkiego rodzaju zależności naukowych pomiędzy kształtem jamy ustnej a stężeniem glukozy w moczu. Przygotowano kwestionariusz w celu określenia wszelkiego rodzaju zależności naukowych pomiędzy kształtem jamy ustnej a stężeniem glukozy w moczu.

Analiza statystyczna

Procent został obliczony w celu ustalenia naukowej zależności pomiędzy kształtem jamy ustnej a glukozą w moczu.

WYNIK I DYSKUSJA

Interakcja między poziomem glukozy w moczu a kształtem jamy ustnej jest wymieniona na wykresie 1,i 2.

Wykres 1: Mężczyzna - kobieta - okrągły kształt usta

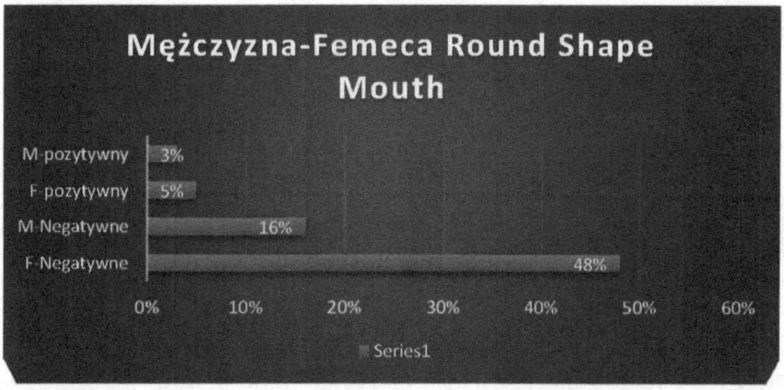

Na wykresie 1 i 2 "F" reprezentuje kobietę, podczas gdy "M" reprezentuje mężczyznę z wykresu 1, że 48% kobiet z ujemną glukozą moczanową miało okrągłe usta, podczas gdy 5% kobiet z dodatnią glukozą moczanową miało okrągłe usta podobnie 16% mężczyzn z ujemną glukozą moczanową miało okrągłe usta, podczas gdy 3% mężczyzn z dodatnią glukozą moczanową miało okrągłe usta.

Wykres 2: Mężczyzna - kobieta owalny kształt usta

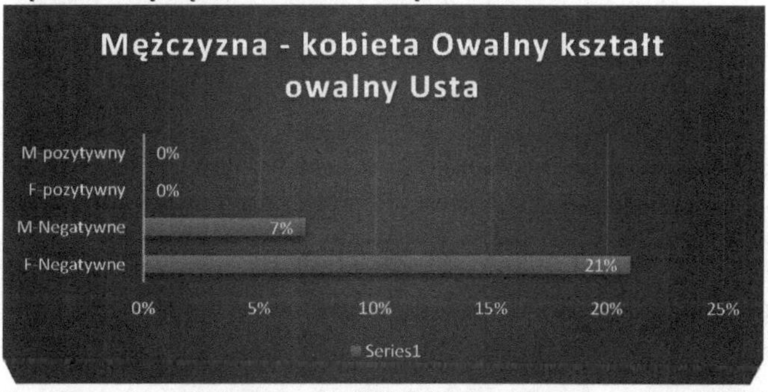

Z wykresu 2 wynikało jasno, że 21% kobiet z ujemnym poziomem glukozy moczowej miało owalne usta, podczas gdy 0% kobiet z dodatnim poziomem glukozy moczowej miało owalne usta podobnie 7% mężczyzn z ujemnym poziomem glukozy moczowej, podczas gdy 0% mężczyzn z dodatnim poziomem glukozy moczowej miało owalne usta.

Wykres 3: Okrągły - owalny kształt usta Wartości dodatnie

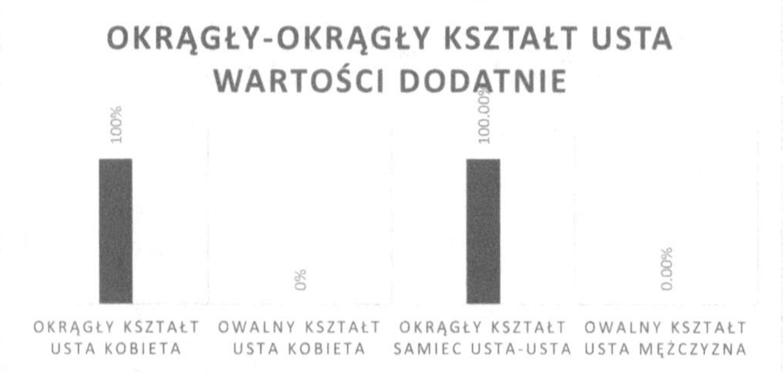

Z powyższego wykresu jasno wynika, że w przypadku kobiet 100% szans na to, że kobieta z okrągłymi ustami ma glukozę moczową i 0% szans na to, że kobieta z owalnymi ustami ma glukozę moczową, podczas gdy w przypadku mężczyzn 100% szans na to, że mężczyzna z okrągłymi ustami ma glukozę moczową i 0% szans na to, że mężczyzna z owalnymi ustami ma glukozę moczową.

Wniosek

stwierdzono, że 100% szans jest to, że kobieta z okrągłymi ustami ma glukozę moczową i 0% szans jest to, że kobieta z owalnymi ustami ma glukozę moczową, podczas gdy w przypadku mężczyzn 100% szans jest to, że mężczyzna z okrągłymi ustami ma glukozę moczową i 0% szans jest to, że mężczyzna z owalnymi ustami ma glukozę moczową.

Interakcja białek moczowych z kształtem ust.

ABSTRACT

Celem pracy była korelacja białek moczu z kształtem jamy ustnej. W bieżącym badaniu For Urine Analysis wzięto pod uwagę około 100 osób, które wzięły udział w badaniu i zanurzyły pasek analizy moczu w moczu. Teraz obserwuj gołym okiem i zanotuj odczytywanie paska. Bez względu na to, czy jest ona pozytywna czy negatywna. Przeprowadzono badanie mające na celu znalezienie naukowego związku pomiędzy kształtem jamy ustnej a białkiem moczu. Stwierdzono, że 100% szans na to, że kobieta z owalnymi ustami ma białko moczu i 0% szans na to, że kobieta z owalnymi ustami ma białko moczu, podczas gdy w przypadku mężczyzn 100% szans na to, że mężczyzna z okrągłymi ustami ma białko moczu i 0% szans na to, że mężczyzna z owalnymi ustami ma białko moczu.

Słowa kluczowe: Białko moczu, okrągłe, interakcja, interakcja

INTRODUKCJA

Białko w moczu odnosi się do ilości białka obecnego w moczu, którego stan nazywany jest białkomoczem. Proteinuria jest nieprawidłowym stanem, co oznacza, że nieprawidłowa ilość białka jest obecna w moczu, co prowadzi do zaburzeń czynności nerek, ponieważ dobre nerki lub zdrowe nerki nie pozwoliły na przejście nadmiaru białka przez nie (1) .Stąd też, jeśli nadmiar białka przechodzi przez mocz, jego wskazanie uszkodzenia nerek, na przykład wyciek albuminy z krwi do moczu. Nadmierna produkcja białka powoduje powstawanie białkomoczu.

Uśmiechnięte usta w kształcie. Osoba z uśmiechniętymi ustami w kształcie ust, określana również jako uśmiechnięte usta, ma rodzaje ust, które wydają się uśmiechnięte lub śmiejące (2). Takie osoby zazwyczaj uwielbiają się śmiać. Zazwyczaj są dobrzy lub mają wielki temperament... Osoba owalnie ukształtowana w ustach ma owalnie ukształtowane usta, dlatego też nazywana jest owalnie ukształtowanymi ustami. Tego typu osoby są zdolne do radzenia sobie w różnych sytuacjach, takich jak sytuacja polityczna i biznesowa.

Celem pracy była korelacja białek moczu z kształtem jamy ustnej.

MATERIAŁ I METODA

W bieżącym badaniu wzięło udział około 100 osób.

Do analizy moczu Weź mocz od osoby i zanurz pasek analizy moczu w moczu. Teraz obserwuj gołym okiem i zanotuj odczytywanie paska. Bez względu na to, czy jest ona pozytywna czy negatywna.

Przeprowadzono badanie mające na celu znalezienie naukowej zależności między kształtem jamy ustnej a białkiem moczu.

Analiza statystyczna

Odsetek został obliczony w celu znalezienia jakiegokolwiek naukowego związku pomiędzy kształtem jamy ustnej a białkiem moczu.

WYNIK I DYSKUSJA

Interakcja między białkiem moczu a kształtem jamy ustnej jest przedstawiona na wykresie 1 i 2.

Wykres 1: Mężczyzna - kobieta - okrągły kształt usta

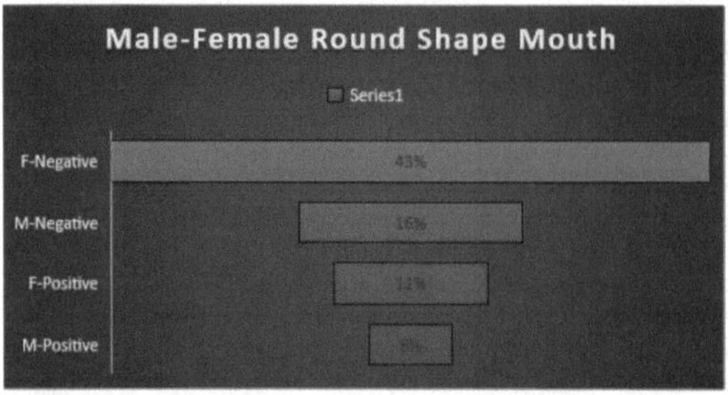

Na wykresie 1 i 2 "F" reprezentuje kobietę, podczas gdy "M" reprezentuje mężczyznę z wykresu 1, że 43% kobiet z ujemnym białkiem moczu miało okrągłe usta, podczas gdy 11% kobiet z dodatnim białkiem moczu miało okrągłe usta podobnie 16% mężczyzn z ujemnym białkiem moczu miało okrągłe usta, podczas gdy 6% mężczyzn z dodatnim białkiem moczu miało okrągłe usta.

Wykres 2: Mężczyzna - kobieta owalny kształt usta

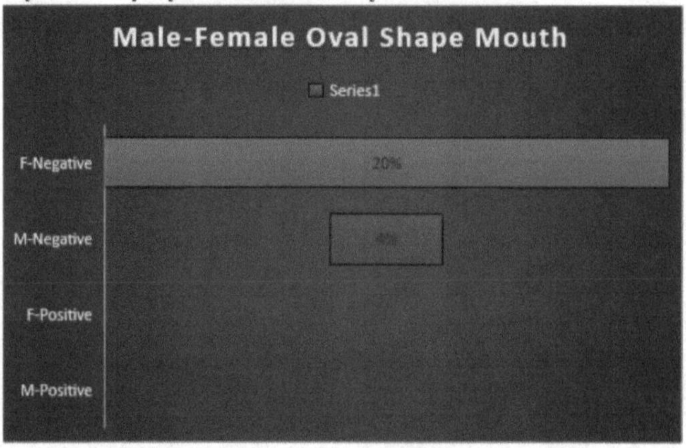

Z wykresu 2 wynika, że 20% kobiet z ujemnym białkiem moczu miało owalne usta, podczas gdy 0% kobiet z dodatnim białkiem moczu miało owalne usta podobnie jak 4% mężczyzn z ujemnym białkiem moczu, podczas gdy 0% mężczyzn z dodatnim białkiem moczu miało owalne usta.

Wykres 3: Okrągły - owalny kształt usta Wartości dodatnie

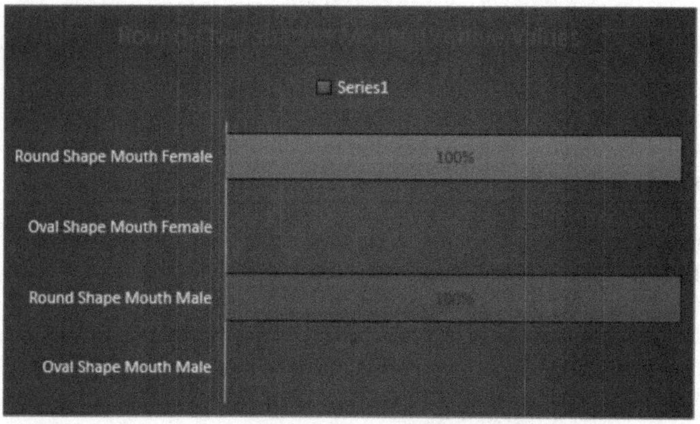

Z powyższego wykresu jasno wynika, że w przypadku kobiet 100% szans na to, że kobieta z owalnymi ustami ma białko moczu i 0% szans na to, że kobieta z owalnymi ustami ma białko moczu, podczas gdy w przypadku mężczyzn 100% szans na to, że mężczyzna z owalnymi ustami ma białko moczu i 0% szans na to, że mężczyzna z owalnymi ustami ma białko moczu.

Wniosek

stwierdzono, że 100% szans jest to, że kobieta z owalnymi ustami ma białko moczu i 0% szans jest to, że kobieta z owalnymi ustami ma białko moczu, podczas gdy w przypadku mężczyzn 100% szans jest to, że mężczyzna z owalnymi ustami ma białko moczu i 0% szans jest to, że mężczyzna z owalnymi ustami ma białko moczu

Interakcja między Leukocytami moczu a kształtem ust

ABSTRACT

Powodem przeprowadzonych badańbyło znalezienie interakcji pomiędzy poziomem leukocytów w moczu a kształtem jamy ustnej. Prawie 100 osóbwzięło udział w bieżącym badaniu For Urine Analysis Take urine from the person and dip the urine analysis strip into the urine. Teraz obserwuj gołym okiem i zanotuj odczytywanie paska. Bez względu na to, czy jest; pozytywne czy negatywne. Przeprowadzono badanie mające na celu znalezienie wszelkiego rodzaju naukowych zależnośćmiędzy kształtem jamy ustnej a leukocytami moczu. Stwierdzono, że 92% szans na to, że u kobiety z owalnymi ustami występują leukocyty moczu, a 8% szans na to, że u kobiety z owalnymi ustami występują leukocyty moczu, podczas gdy u mężczyzn 66,60% szans na to, że u mężczyzny z owalnymi ustami występują leukocyty moczu, a 33,30% szans na to, że u mężczyzny z owalnymi ustami występują leukocyty moczu.

Słowa kluczowe: Urine Leukocytes, Round, Urine, Urine

INTRODUKCJA

Leukocyty są w rzeczywistości białymi krwinkami, które są powszechnie stosowanym badaniem krwi zwanym pełnym badaniem krwi (CBC), mierzącym ilość białych krwinek lub leukocytów (1). Wiemy, że leukocyty są częścią układu odpornościowego, który walczy z chorobą, a wyższy poziom leukocytów powoduje infekcję. Mocz zawiera również leukocyty, wtedy wyższy poziom białych krwinek w moczu wskazuje na infekcję, co oznacza, że w drogach moczowych występuje infekcja, a leukocyty próbują bronić twojego organizmu (2).

Osoba z odwrotnie ukształtowanymi ustami w kształcie łodzi ma zwykle górne wargi niewiele większe niż dolna warga. Oba usta wyglądały po prostu jak łódź, dlatego nazwano je usta w kształcie odwróconej łodzi (3). Takie osoby nie mają żadnego zaufania. Nie mają motywacji do działania i nie mają odwagi.

Powodem przeprowadzonych badań było znalezienie interakcji pomiędzy poziomem leukocytów w moczu a kształtem jamy ustnej.

MATERIAŁ I METODA

W obecnym badaniu wzięło udział blisko 100 osób.

Do analizy moczu Weź mocz od osoby i zanurz pasek analizy moczu w moczu. Teraz obserwuj gołym okiem i zanotuj odczytywanie paska. Bez względu na to, czy jest; pozytywny czy negatywny

Przeprowadzono badanie mające na celu określenie wszelkiego rodzaju zależności naukowych pomiędzy kształtem jamy ustnej a leukocytami moczu.

Analiza statystyczna

Odsetek obliczono w celu określenia wszelkiego rodzaju zależności naukowej pomiędzy kształtem jamy ustnej a leukocytami moczu.

WYNIK I DYSKUSJA

Interakcja między leukocytami moczu a kształtem jamy ustnej została przedstawiona na wykresie 1,i 2.

Wykres 1: Mężczyzna - kobieta - okrągły kształt usta

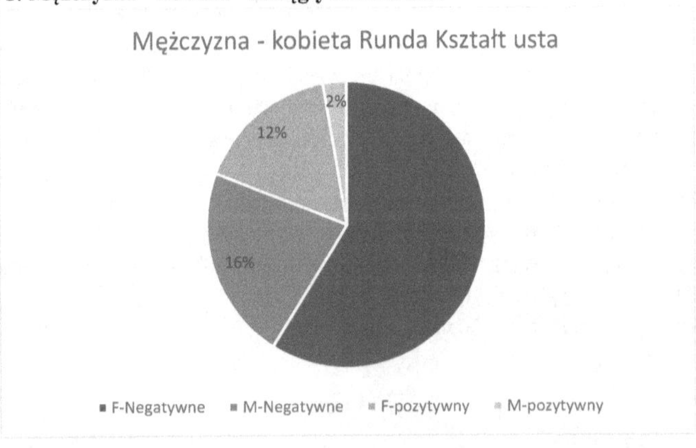

Na wykresie 1 i 2 "F" reprezentuje kobietę, podczas gdy "M" reprezentuje mężczyznę z wykresu 1, że 43% kobiet z ujemnymi leukocytami moczu miało okrągłe usta, podczas gdy 12% kobiet z dodatnimi leukocytami moczu miało okrągłe usta podobnie 16% mężczyzn z ujemnymi leukocytami moczu miało okrągłe usta, podczas gdy 2% mężczyzn z dodatnimi leukocytami moczu miało okrągłe usta.

Wykres 2: Mężczyzna - kobieta owalny kształt usta

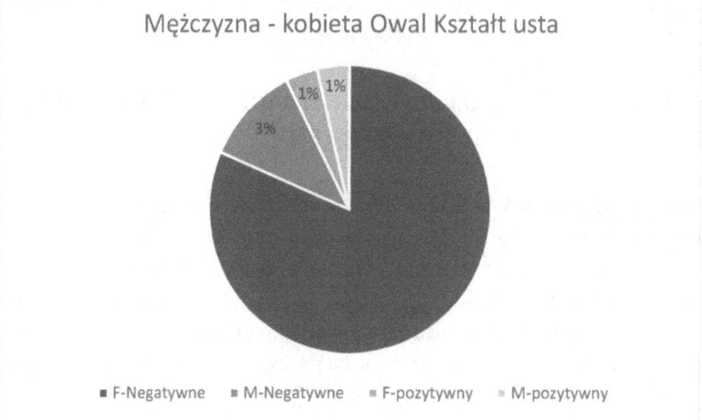

Z wykresu 2 wynikało jasno, że 22% kobiet z ujemnymi leukocytami moczu miało owalnie ukształtowane usta, podczas gdy 1% kobiet z dodatnimi leukocytami moczu miało owalnie ukształtowane usta podobnie 3% mężczyzn z ujemnie ukształtowanymi leukocytami moczu, podczas gdy 1% mężczyzn z dodatnimi leukocytami moczu miało owalnie ukształtowane usta.

Wykres 3: Okrągły - owalny kształt usta Wartości dodatnie

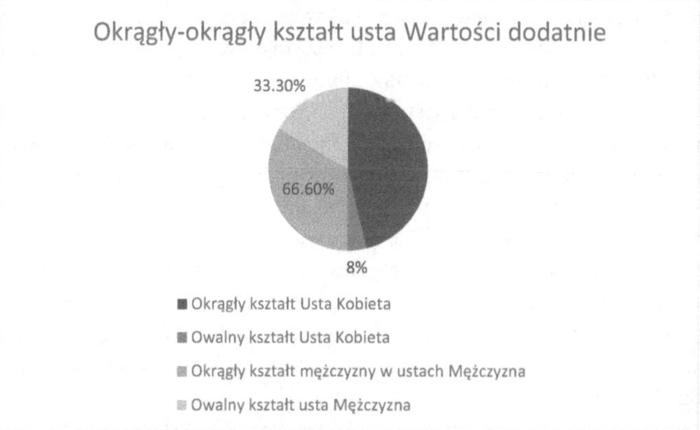

Z powyższego wykresu jasno wynika, że w przypadku kobiet 92% szans jest to, że kobieta z okrągłymi ustami ma leukocyty moczu, a 8% szans jest to, że kobieta z owalnymi ustami ma leukocyty moczu, podczas gdy w przypadku mężczyzn 66,60% szans jest to, że mężczyzna z okrągłymi ustami ma leukocyty moczu, a 33,30% szans jest to, że mężczyzna z owalnymi ustami ma leukocyty moczu.

Wniosek

stwierdzono, że 92% szans jest to, że kobieta z okrągłymi ustami ma leukocyty moczu, a 8% szans jest to, że kobieta z owalnymi ustami ma leukocyty moczu, podczas gdy w przypadku mężczyzn 66,60% szans jest to, że mężczyzna z okrągłymi ustami ma leukocyty moczu, a 33,30% szans jest to, że mężczyzna z owalnymi ustami ma leukocyty moczu

Interakcja między nauką o moczu a kształtem jamy ustnej

ABSTRACT

Powodem prowadzonych badań było znalezienie wszelkich naukowych interakcji pomiędzy kształtem jamy ustnej a pH moczu. W bieżącym badaniu wzięło udział około 100 osób. Do analizy moczu Weź mocz od osoby i zanurz pasek analizy moczu w moczu. Teraz obserwuj gołym okiem i zanotuj odczytywanie paska. Czy jest to istotne, czy nieistotne. Ustalono, że istnieje naukowa zależność pomiędzy kształtem jamy ustnej a kształtem moczu Ph. Stwierdzono, że istnieje naukowa interakcja pomiędzy kształtem jamy ustnej a kształtem moczu Ph. Przyczyną tego jest *wartość p*, która jest mniejsza niż 0,1, dlatego wynik był znaczący.

Słowa kluczowe: Ph, Urine, Mouth, Mouth.

INTRODUKCJA

Ph jest używany do wskazania, że czy roztwór jest kwaśny czy zasadowy, a więc pH moczu przeznaczone do wskazania Twojego moczu pokazuje, że czy Twój mocz jest kwaśny czy zasadowy (1). Wiemy, że jeśli f. jest siódemka, to pokazuje, że twój mocz jest neutralny, a jeśli f. jest powyżej siódmej, to wskazuje, że twój mocz jest zasadowy lub jeśli twój f. moczu jest niższy niż siedem, co wskazuje, że twój mocz jest kwaśny Sekrecja zasadowego lub kwaśnego moczu z organizmu jest ważnym rodzajem mechanizmu, który pomaga utrzymać stałą f. w twoim ciele (2). półksiężycowe usta w kształcie księżyca są tylko odwrotnością ust w kształcie odwróconej łodzi. Te typy osób mają przeciwstawne cechy w porównaniu z osobami w kształcie jamy ustnej w kształcie odwróconej łodzi, mają one cienkie dolne wargi, co sprawia, że kształt jamy ustnej jest taki sam jak kształt jamy ustnej w kształcie półksiężyca (3). Dolna warga jest nieco cienka w porównaniu z górną wargą. Mają doskonałe relacje z osobami indywidualnymi i są to osoby o dobrym usposobieniu. Są oni również dobrze myślący i bardzo dobrze wykształceni. Osoba z półksiężycowym kształtem księżyca jest zmotywowana i trochę emocjonalna. Mają dużą pewność siebie i chęć do działania (4).

Powodem obecnych badań było znalezienie jakiegokolwiek rodzaju naukowych interakcji pomiędzy pH moczu a kształtem jamy ustnej.

MATERIAŁ I METODA

W ostatnim badaniu wzięło udział około 100 osób.

Do analizy moczu Weź mocz od osoby i zanurz pasek analizy moczu w moczu. Teraz obserwuj gołym okiem i zanotuj odczytywanie paska. Czy jest ona znacząca czy nieistotna

Ankieta miała na celu znalezienie naukowej zależności między kształtem jamy ustnej a kształtem moczu... . Przeprowadzono badanie mające na celu określenie wszelkich naukowych zależności między kształtem jamy ustnej a kształtem moczu Ph.

Analiza statystyczna

Analiza statystyczna została wykonana przy użyciu testu t i MS-Excel.

WYNIK I DYSKUSJA

Interakcja między pH moczu a kształtem jamy ustnej została podana w tabeli 1.Tabela:1 upraszcza istnienie interakcji naukowej między kształtem jamy ustnej a pH moczu. przyczyną jest *wartość p*, która jest mniejsza niż 0,1, dlatego wynik był znaczący.

Tabela 1: Normalna relacja moczu z ustami (średnia SD

Płeć	**Okrągły kształt jamy ustnej**	**Owalny kształt jamy ustnej**	***p-wartość***
Samce	6.14±0.377	7±1.15	0.12
Kobieta	6.03±0.43	6.47±0.94	0.07*

(*p<0,1 stąd p uważany za istotny)

Przeprowadzono badanie mające na celu określenie wszelkich naukowych zależności między kształtem jamy ustnej a kształtem moczu Ph.

Wniosek

Stwierdzono, że istnieje naukowa interakcja pomiędzy kształtem jamy ustnej a fazą moczu. Powodem tego jest *wartość p*, która jest mniejsza niż 0,1, dlatego też wynik był znaczący.

Współdziałanie ciężaru właściwego moczu z kształtem ust.

ABSTRACT

Celem obecnego badania było znalezienie naukowego związku pomiędzy ciężarem właściwym moczu a kształtem jamy ustnej. W istniejącym badaniu For Urine Analysis wzięto udział około 100 osób i zanurzono pasek analizy moczu w moczu. Teraz obserwuj gołym okiem i zanotuj odczytywanie paska. Czy jest to istotne, czy nieistotne. Ankieta miała na celu znalezienie wszelkiego rodzaju naukowych zależności pomiędzy kształtem jamy ustnej a ciężarem właściwym moczu. Stwierdzono, że nie ma naukowej interakcji pomiędzy kształtem jamy ustnej a ciężarem właściwym moczu, co wynika z faktu, że *wartość p* jest większa niż 0,1, dlatego też uważana jest za nieistotną.

Słowa kluczowe: Kształt, charakterystyka, grawitacja

INTRODUKCJA

Najczęstszym i bezbolesnym sposobem sprawdzenia, czy jesteś w dobrej kondycji, czy nie, jest test moczu. Teraz, czym jest ciężar właściwy moczu, istnieje test nazwany testem ciężaru właściwego moczu, który porównuje gęstość wody z gęstością moczu (1). Ten test pokazuje, że jak dobre są nerki w rozcieńczaniu moczu. Jeśli twój mocz jest skoncentrowany, to wyraźnie pokazuje, że twoje nerki nie działają prawidłowo lub t5 istnieje inna możliwość, że nie pijesz wystarczającej ilości wody. Twoje nerki odgrywają ważną rolę w utrzymaniu równowagi elektrolitycznej lub w procesie filtracji krwi (2).

Osoba z okrągłym kształtem ust ma prosty umysł, który zazwyczaj jest pomocny. Tego typu osoby są zazwyczaj kochane przez innych. Tego typu osoby zazwyczaj nie są w stanie zapewnić bezpieczeństwa. Osoby tego typu mają zazwyczaj słabą komunikację z kobietą, jeśli są to mężczyźni lub z mężczyzną, jeśli są to kobiety (3). Tego typu osoby są zazwyczaj samowolne. Ale brakuje im pewności siebie, która jest wtedy niepewna. Zwykle się martwią i mają uczucie strachu.

Celem obecnego badania było znalezienie naukowego związku pomiędzy ciężarem właściwym moczu a kształtem jamy ustnej.

MATERIAŁ I METODA

W istniejącym badaniu wzięło udział około 100 osób.

Do analizy moczu Weź mocz od osoby i zanurz pasek analizy moczu w moczu. Teraz obserwuj gołym okiem i zanotuj odczytywanie paska. Czy jest ona znacząca czy nieistotna

Ankieta miała na celu znalezienie wszelkiego rodzaju naukowych zależności pomiędzy kształtem jamy ustnej a ciężarem właściwym moczu.

Analiza statystyczna

Do analizy statystycznej wykorzystano test MS-Excel i test t.

WYNIK I DYSKUSJA

Związek pomiędzy ciężarem właściwym moczu a kształtem jamy ustnej podano w Tabeli 1.1. Uproszcza to, że nie ma naukowej interakcji pomiędzy kształtem jamy ustnej a ciężarem właściwym moczu, ponieważ *wartość p* jest większa niż 0,1, dlatego też uważana jest za nieistotną.

Tabela 1: Grawitacja właściwa relacji moczu z kształtem ust (średnia ±SD)

Płeć	**Okrągły kształt jamy ustnej**	**Owalny kształt jamy ustnej**	***p-wartość***
Mężczyzna	1.02±0.006	1.03±0.01	0.16
Kobieta	1.023±0.009	1.021±0.21	0.33

(*p*>.05 stąd p>.05 uważany za nieistotny)

Ankieta miała na celu znalezienie wszelkiego rodzaju naukowych zależności pomiędzy kształtem jamy ustnej a ciężarem właściwym moczu.

Wniosek

Stwierdzono, że nie ma naukowej interakcji pomiędzy kształtem jamy ustnej a ciężarem właściwym moczu, co wynika z faktu, że *wartość p* jest większa niż 0,1, dlatego też uważana jest za nieistotną.

REFERENCJE

1. Qadir MI, Javed M.K. (2019) Interakcja współczynnika pulsu z kształtem ust MJBAS 3(1): 11-13
2. Qadir MI, Javed MK (2019) Interakcja kształtu ust z grupą krwi MJBAS 3(1): 14-17
3. Qadir MI, Javed MK (2019) Interakcja normalnego poziomu tlenu we krwi z kształtem usta IIJSR 3(1): 32-34

4. Lip GY, Skjøth F, Overvad K, Rasmussen LH, Larsen TB. Ciśnienie tętnicze i rokowanie u pacjentów z niewydolnością serca: badanie kohortowe Diet, Cancer and Health (DCH). Badania kliniczne w kardiologii. 2015 Dec 1;104(12):1088-96.Qadir MI, Saleem A (2018) Świadomość choroby niedokrwiennej serca wśród studentów biotechnologii. Glo Adv Res J Med Medical Sci, 7(3): 059-061.
5. Qadir MI, Ishfaq S (2018) Świadomość nadciśnienia tętniczego u studentów biologii. Int J Mod Pharma Res, 7(2): 08-10.
6. Qadir MI, Mehwish (2018) Świadomość choroby łuszczycy. Int J Mod Pharma Res, 7(2): 17-18.
7. Qadir MI, Shahzad R (2018) Świadomość na temat otyłości u podyplomowych studentów biotechnologii. Int J Mod Pharma Res, 7(2): 14-16.
8. Qadir MI, Rizvi M (2018) Świadomość na temat talasemii u studentów studiów podyplomowych. MOJ Lymphology & Phlebology, 2(1): 14-16.
9. Qadir MI, Ghalia BA (2018) Awareness survey about colorectal cancer in students of M. Phil Biotechnology at Bahauddin Zakariya University, Multan, Pakistan. Nov Appro in Can Study, 1(3): NACS.000514.2018.
10. Israr K, Javaid A, Nawaz S, Javaid S, Kashan M. Analiza czynników związanych z kamicą żółciową w dystrykcie Multan. MIĘDZYNARODOWE CZASOPISMO BADAŃ NAUKOWYCH W DZIEDZINIE BIZNESU I NAUK SPOŁECZNYCH. 2018 wrzesień; 8(9).

Spis treści

Kolibri 360 GmbH
Ferdinand-Jühlke-Straße 7
99095 Erfurt, Deutschland
produktsicherheit@kolibri360.de

Druck:
CPI Druckdienstleistungen GmbH
im Auftrag der
Kolibri 360 GmbH
Ferdinand-Jühlke-Str. 7
99095 Erfurt